彩图 1　葡萄盆栽

彩图 2　粉红亚都蜜

彩图 3　户太 8 号

彩图 4　京亚

彩图 5　巨玫瑰

彩图 6　克瑞森

彩图 7　美人指

彩图 8　秋无核

彩图 9　天缘奇

彩图 10　红地球

彩图 11　维多利亚

彩图 12　无核白鸡心

彩图 13　无核早红

彩图 14　夕阳红

彩图 15　早黑宝

彩图 16　金手指

彩图 17　单篱架扇形整枝

彩图 18　单篱架双臂水平整枝

彩图 19　水平连棚架

彩图 20　篱棚架（无核早红）

彩图 21　"Y"形架及防鸟网

彩图 22　双篱架单臂水平整枝

彩图 23　棚架龙干形整枝

彩图 24　插条催根效果

彩图 25 绿枝嫁接

彩图 26 绿枝嫁接苗除萌

彩图 27 葡萄苗

彩图 28 工厂废气伤害

彩图 29 植株绑缚

彩图 30 萌芽前追肥

彩图 31 树盘覆盖稻草

彩图 32 除草剂药害（叶片）

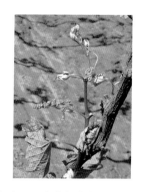

彩图 33　除草剂药害（新梢）　　　　彩图 34　除草剂药害（结果枝）

彩图 35　花序拉长效果　　　　　　　彩图 36　绿盲蝽

彩图 37　绿盲蝽危害症状（正面）　　彩图 38　穗轴褐枯病症状

彩图 39　霜霉病症状

彩图 40　药害（叶片背面）

彩图 41　药害（叶片正面）

彩图 42　葡萄开花

彩图 43　果实日灼

彩图 44　套袋、生草

高效种植致富直通车

葡萄高效栽培

主　编　翟秋喜　魏丽红

参　编　夏国京　衣冠东

机 械 工 业 出 版 社

本书以安全、优质、高效生产为出发点，在概述与葡萄生产相关的基本知识的基础上，详细介绍了育苗、建园、整形修剪、周年管理、采后商品化处理等葡萄生产的全过程，且周年管理技术按照葡萄物候期的进程来编写。本书内容翔实，通俗易懂，结合生产实际，突出葡萄栽培技术的先进性和实用性，并配备了大量列表、图片。另外，书中附有葡萄优质高效栽培技术实例，可以帮助种植户更好地掌握技术要点。

　　本书适合于广大葡萄种植者及果树技术推广人员使用，也可供农业院校相关专业师生参考。

图书在版编目（CIP）数据

葡萄高效栽培/翟秋喜，魏丽红主编. —北京：机械工业出版社，2014.9（2021.9 重印）

（高效种植致富直通车）

ISBN 978-7-111-47478-4

Ⅰ.①葡…　Ⅱ.①翟…②魏…　Ⅲ.①葡萄栽培　Ⅳ.①S663.1

中国版本图书馆 CIP 数据核字（2014）第 169975 号

机械工业出版社（北京市百万庄大街 22 号　邮政编码 100037）
总　策　划：李俊玲　张敬柱　　　　策划编辑：高　伟　郎　峰
责任编辑：高　伟　郎　峰　李俊慧　版式设计：霍永明
责任校对：姚从蓉　　　　　　　　　责任印制：张　博
保定市中画美凯印刷有限公司印刷
2021 年 9 月第 1 版第 9 次印刷
140mm×203mm · 5.5 印张 · 3 插页 · 140 千字
标准书号：ISBN 978-7-111-47478-4
定价：25.00 元

高效种植致富直通车
编审委员会

序

　　园艺产业包括蔬菜、果树、花卉和茶等，经多年发展，园艺产业已经成为我国很多地区的农业支柱产业，形成了具有地方特色的果蔬优势产区，园艺种植的发展为农民增收致富和"三农"问题的解决做出了重要贡献。园艺产业基本属于高投入、高产出、技术含量相对较高的产业，农民在实际生产中经常在新品种引进和选择、设施建设、栽培和管理、病虫害防治及产品市场发展趋势预测等诸多方面存在困惑。要实现园艺生产的高产高效，并尽可能地减少农药、化肥施用量以保障产品食用安全和生产环境的健康离不开科技的支撑。

　　根据目前农村果蔬产业的生产现状和实际需求，机械工业出版社坚持高起点、高质量、高标准的原则，组织全国 20 多家农业科研院所中理论和实践经验丰富的教师、科研人员及一线技术人员编写了"高效种植致富直通车"丛书。该丛书以蔬菜、果树的高效种植为基本点，全面介绍了主要果蔬的高效栽培技术、棚室果蔬高效栽培技术和病虫害诊断与防治技术、果树整形修剪技术、农村经济作物栽培技术等，基本涵盖了主要的果蔬作物类型，内容全面，突出实用性，可操作性、指导性强。

　　整套图书力避大段晦涩文字的说教，编写形式新颖，采取图、表、文结合的方式，穿插重点、难点、窍门或提示等小栏目。此外，为提高技术的可借鉴性，书中配有果蔬优势产区种植能手的实例介绍，以便于种植者之间的交流和学习。

　　丛书针对性强，适合农村种植业者、农业技术人员和院校相关专业师生阅读参考。希望本套丛书能为农村果蔬产业科技进步和产业发展做出贡献，同时也恳请读者对书中的不当和错误之处提出宝贵意见，以便补正。

中国农业大学农学与生物技术学院

前　言

　　葡萄不仅果实味美可口、营养丰富，而且其植株适应性强、见效快、经济效益高，因此深受人们的喜爱，成为世界上主要的栽培果树之一。葡萄除鲜食外，还可加工成葡萄酒、葡萄汁等多种制品。经过多年的发展，我国鲜食葡萄的栽培面积和产量均位居世界第一位。近几年，随着市场需求的增长和农村产业结构调整，葡萄生产发展进入一个新的时期。全国许多地方都把葡萄作为果业结构调整、促进农民脱贫致富、形成农业产业化的首选树种。但是我国葡萄生产与国内外市场和农业发展新阶段的要求相比，还存在诸多问题。

　　随着经济的发展和人民生活水平的不断提高，消费者对食品的需求已逐渐由"数量型"向"质量型"转变，安全优质的果品正日益受到人们的青睐，市场需求逐年上升。因此，进行葡萄安全、优质、高效栽培，是消费者获得安全优质果品的前提，也是我国葡萄产业持续、稳定、健康发展的保障。为此，编者在多年研究及生产实践的基础上，结合各地技术及成功经验，编写了本书，以供广大果农朋友及基层科技推广人员参考。

　　本书在编写内容上力求从果农的实际需要出发，以安全、优质、高效生产技术为核心，将理论知识融于技术操作中，介绍了与葡萄生产相关的基本知识、苗木的培育、葡萄园的建立、整形修剪、周年管理及储运、加工与营销等，且栽培管理技术以葡萄主要物候期的进程来编写，内容全面、图文并茂、通俗易懂、实用性强。同时书中还设置了"知识窗"和"提示"等小栏目，以提醒果农在生产中容易出现的那些问题。

　　需要特别说明的是，本书所用药物及其使用剂量仅供读者参考，不可照搬。在生产实际中，所用药物学名、常用名和实际商品名称有差异，药物浓度也有所不同，建议读者在使用每一种药物之前，参阅厂家提供的产品说明以确认药物用量、用药方法、用药时间及禁忌等。

　　本书在编写过程中，参阅了国内外研究者关于葡萄的大量学术论文、研究资料和书籍，在此谨向其作者表示衷心的感谢。

　　由于时间仓促，编者水平有限，书中不妥之处恳请专家及广大读者不吝赐教。

编　者

目　录

第四章　标准化葡萄园的建立

第五章　葡萄的整形修剪技术

第六章　葡萄周年生产管理技术

——第一章——
葡萄生产概述

第一节 发展葡萄生产的意义和特点

一 葡萄生产的意义

葡萄是深受人们喜爱的一种传统果树。其果实味美可口、营养丰富，不仅含有人类必需的糖（葡萄糖、果糖、蔗糖等）、有机酸（苹果酸、酒石酸、柠檬酸、琥珀酸、没食子酸、草酸、水杨酸等）、矿物质（钾、钙、钠、磷、锰、铁、铜等）、氨基酸（精氨酸、色氨酸等）、蛋白质、粗纤维、果胶等，而且含有与人类健康密切相关的生物活性物质，如维生素（维生素 A、维生素 B_1、维生素 B_2、维生素 B_6、维生素 B_{12}、维生素 C、维生素 P、维生素 PP 等）、白藜芦醇等。中国古代医学对葡萄药用记载及现代医学研究表明，葡萄在预防和治疗神经衰弱、胃痛腹胀、心脑血管疾病、贫血、癌症等方面有良好的作用，已成为人们公认的保健果品，深受广大消费者青睐。

葡萄用途很广，除鲜食外，还可加工成葡萄酒、葡萄汁、葡萄干、果酱、罐头等多种制品，加工剩余的种子和皮渣还可提炼单宁和高级食用油及化工原料。近年来，葡萄酒作为世界上重要的饮料酒，其消费量逐年急骤增加。随着市场需求量的增长和农村产业结构调整，葡萄生产发展极为迅速，全国许多地方都把发展优质葡萄生产作为一项调整农村产业结构、促进农民脱贫致富、促进农业产业化的主要途径。因此，在农业种植业结构调整中，与其他果树相

比，葡萄有着较大的发展优势，可作为农业产业化的首选树种，其前景十分广阔。

葡萄品种繁多，果实颜色各异，形状千姿百态，也具有极高的观赏价值。除大面积连片种植外，还可作为绿化树种在房前屋后、田边隙地、阳台、走廊等地栽培，能起到观赏、采摘、遮阳、降温、净化空气的作用。实践证明，栽培葡萄可获得很好的经济效益、社会效益及生态效益。

二 葡萄生产的特点

1. 适应性强、分布范围广

葡萄是一种适应性很强的落叶果树，对气候、土壤的适应性强于其他果树，无论丘陵荒山、河滩沙地、微酸或微碱性土壤，只要选择适当的品种，加强土壤的改良并采取相应的栽培管理措施，都能发展葡萄生产，并获得良好的经济效益。在我国，从台湾、福建到西藏，从黑龙江到海南，几乎每个省（自治区、直辖市）都有葡萄的栽培。

2. 结果早、见效快

葡萄是进入结果期最早的果树之一。在较好的栽培管理条件下，大部分品种第一年栽植，第二年即可结果，并能获得一定的产量，每亩（1 亩 $= 666.7\text{m}^2$）产量可达 1000kg，第三、四年即可进入盛果期，每亩产量达到 2000kg 以上。近年来，我国各地先后出现了许多第一年栽植，第二年结果，第三年丰收，一举脱贫致富的先进典型。

3. 易管理、效益高

葡萄的生长发育有其明显的规律性，这些生长的规律性容易被掌握，因此其栽培管理技术与其他果树相比较简单，栽培人员容易掌握，普及起来比较快。根据近几年葡萄产地的批发价计算，每亩的毛收入在 10000 元左右。新疆、宁夏、陕西、河南、河北、辽宁、山东、江苏、浙江及北京、天津、上海等省（直辖市、自治区）涌现出不少葡萄栽植后第三年每亩收益达 1 万元的村和专业户。北京市郊区、河北省唐山市、辽宁省盖州市等地区对葡萄采用设施栽培，第二年每亩产值即超过 3 万元。其收效之快、收益之高是一般果树远不能比的。

4. 种植形式多、市场供应期长

葡萄可采取露地栽培、温室栽培、冷棚栽培、庭院栽培及盆栽（彩图 1）等多种形式种植，其栽培品种丰富，鲜果市场供应期长。从全国来看，露地葡萄成熟期从每年的 6 月一直持续到 10 月底，加上保护地促早栽培、延后栽培及储藏技术，基本实现了全年持续供应，满足了消费者的需求。

5. 建园一次投入大

葡萄栽培大多数需要搭架，一般建园架材投入为 1000 ~ 2000 元/亩，苗木、肥料、整地等投入为 1500 ~ 2000 元/亩。

第二节　葡萄产业现状及发展趋势

一　我国葡萄生产现状

葡萄在我国果树生产中具有非常重要的地位，与香蕉、柑橘、苹果、梨和桃并称为我国六大水果。改革开放以来，葡萄产业发展十分迅速，目前包括台湾省在内的全国 34 个省、直辖市、自治区都有葡萄种植，葡萄栽培和加工已成为许多地区促进经济发展、增加农民收入的主要途径。

1. 栽培向优势区域和经济效益较高的地区集中

目前，我国葡萄非适宜生态区和适宜生态区内非适宜品种的栽培面积大量减少，而优势生态区及经济效益较高地区的栽培面积稳定增加，葡萄生产由数量效益型向质量效益型转变，逐步形成了葡萄的优势产业带。如环渤海湾葡萄产业带、西北及黄土高原葡萄产业带、黄河故道葡萄产业带、长三角南方葡萄产业带、东北及西南特色葡萄产业带等优势产业带或产业群，其中新疆、山东、河北、辽宁和河南是我国葡萄生产的主要地区。酿酒葡萄集中栽培于渤海湾产区、新疆北部、河西走廊、怀来盆地等。南方地区葡萄栽培有了长足的发展，已在我国葡萄生产中占据重要地位。我国南方地区重要葡萄生产县市见表 1-1。

第一章　葡萄生产概述

3

表 1-1　我国南方地区重要葡萄生产县市

省、直辖市、自治区	葡萄主要生产市、县
广西壮族自治区	灵川县、新安县
福建省	福安市、建阳市
浙江省	丽水市、金华市、海盐县、上虞盖北乡
四川省	龙泉区、攀枝花市
湖南省	衡阳市、澧县
云南省	弥勒县、富民县
上海市	嘉定马陆镇

2. 栽培面积和产量逐步增长

近些年世界葡萄栽培面积基本稳定，但产量持续增长。我国葡萄栽培自 20 世纪 80 年代以来发展迅速，自 2000 年以来葡萄栽培面积和产量一直呈现持续增长趋势（图 1-1），截至 2012 年，我国葡萄栽培面积和产量分别为 60 万公顷和 960 万吨，分别占全国水果栽培面积和产量的 4.94% 和 3.99%。我国酿酒葡萄种植面积持续发展，2010 年酿酒葡萄种植总面积达到 6.667 万公顷，占全国葡萄总种植面积的 12.1% 左右。目前，我国鲜食葡萄栽培面积和产量均位居世界第一位。葡萄栽培面积渐趋合理，生产进入产业化新阶段。

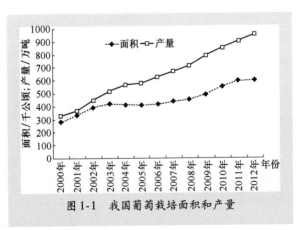

图 1-1　我国葡萄栽培面积和产量

3. 品种结构多元化

随着市场需求的多元化发展，葡萄主要栽培品种也逐步趋向多样化，鲜食品种由 20 世纪中期的玫瑰香、龙眼、牛奶、无核白、和田红、木纳格等品种发展到莎巴珍珠、保尔加尔、巨峰、黑奥林、藤稔、夕阳红等，直到现在的红地球、无核白鸡心、户太 8 号、绯红、京亚、粉红亚都蜜、维多利亚、夏黑、醉金香、无核早红、巨玫瑰、克瑞森、美人指、秋无核、天缘奇、早黑宝、金手指等（彩图 2~彩图 16）。葡萄鲜食品种占 85% 以上，其中巨峰系及其他欧美杂交品种较多，全国各地均有栽培；欧亚品种如玫瑰香、龙眼等，主要分布于河北及京津地区；赤霞珠、梅露辄、霞多丽等优良品种已成为我国酿酒葡萄的主栽品种，其栽培面积约占全国酿酒葡萄总栽培面积的 90%，山葡萄和刺葡萄的酿酒利用进程也进一步加快。从这些方面可以看出，我国葡萄品种结构在不断走向多元化。

4. 栽培模式多样化

目前葡萄栽培方式已从传统的露地栽培发展到设施促成栽培、设施延后栽培及设施避雨栽培、一年多熟栽培、有机栽培和休闲观光采摘（图 1-2）等多种高效栽培方式。尤其是设施栽培的发展已成为当今葡萄栽培的一种综合技术应用模式，不仅扩大了葡萄栽培区域（如南方设施避雨栽培扩大了葡萄特别是欧亚品种的栽培范围），而且还延长了葡萄新鲜果品的

图 1-2　生态观光采摘园

上市供应时期，有效预防和减轻了自然灾害对葡萄生产的影响，显著提高了葡萄栽培的经济效益。

5. 管理水平逐步提高

我国葡萄生产经过几次大发展，伴随着葡萄优质、无公害、标准化栽培技术的推广应用，整形修剪、病虫害综合防治、配方施肥等新技术的普及推广，我国葡萄栽培技术和管理水平得到了迅猛提高，主要表现在栽培技术的简化与完善、病虫害的全面有效控制等方面，从而促进了我国葡萄产量和品质的提高。

6. 产业链条不断延伸

随着我国整个葡萄产业不断走向成熟，产业链中的各个环节也在不断加强。采后商品化处理能力、储藏保鲜技术进一步提高。以葡萄酒为主的深加工迅速发展，酿酒葡萄栽培与加工的产地集中，集群效应显著。在葡萄干生产上，由于葡萄脱水快速制干技术的推广应用，其制作工艺得到改进和提高，从而增加了葡萄的附加值。

7. 产业贸易逐年增加

葡萄是世界果品贸易量大、贸易产品种类多、贸易额高的树种，也是农产品贸易中经济效益较高的种类。我国作为鲜食葡萄生产大国，主要以国内消费为主，在国际贸易方面存在较大的贸易逆差。在出口贸易上，近年来鲜食葡萄出口量逐年增加，但我国的葡萄进口量明显大于出口量。

二 国外葡萄生产现状

葡萄在南纬30°~45°和北纬20°~52°之间的亚热带、温带和寒带都有栽培和分布，是全球落叶果树中栽培面积最大、产量最高的树种之一。2011 年世界葡萄栽培面积为 706.02 万公顷，产量为 6909.32 万吨，而主要葡萄生产国种植面积和产量见表 1-2、表 1-3。

表 1-2 2011 年世界主要葡萄生产国种植面积

名次	国家	葡萄面积/公顷	名次	国家	葡萄面积/公顷
1	西班牙	963095	6	美国	388539
2	法国	764124	7	伊朗	227000
3	意大利	725353	8	阿根廷	218000
4	中国	599954	9	智利	202000
5	土耳其	472545	10	葡萄牙	179472

注：本表根据 FAO（2011 年）统计资料编制。

表 1-3 2011 年世界主要葡萄生产国产量

名次	国家	葡萄年产量/吨	名次	国家	葡萄年产量/吨
1	中国	9174280	6	土耳其	4296351
2	意大利	7115500	7	智利	3149380
3	美国	6756449	8	阿根廷	2750000
4	法国	6588904	9	伊朗	2240000
5	西班牙	5809315	10	澳大利亚	1715717

注：本表根据 FAO（2011 年）统计资料编制。

世界葡萄的主要产区主要有法国的波尔多、勃艮第产区；意大利的皮蒙、威尼托产区；西班牙的里欧哈产区；澳大利亚具有良好的土壤条件及稳定的气候，是一个优秀的新兴产区；德国共有 13 个特定葡萄种植区，集中在莫斯尔及莱茵河地区；美国以其独特的地理位置、稳定的气候、先进的科学技术及高超的营销手法，在短短 30 年就成为新兴的优良产酒区，其中加利福尼亚州所产的葡萄酒不论品质还是数量均居全美国第一，而加利福尼亚州葡萄酒占全美国九成的产量，其葡萄种植主要分布于中央谷地、南部海岸。

三 葡萄产业发展趋势及注意问题

未来葡萄产业发展的总趋势是：栽培区域向优势区域集中；栽培品种由繁多到集中发展少数良种；栽培技术由复杂到简单、省工化；土肥水管理由经验化向科学化；病虫害防治由单纯的化学防治到生物、物理和化学综合防治；农事操作由人工向机械化；果品质量向着优质、安全方向发展。具体内容如下。

1. 优良品种区域化、发展面积规模化

葡萄的优良品种数以百计，但不同的品种有不同的生态适应性。对于某一地区、某一园区来说通常只有少数几个或十几个品种是最适合的，这主要考虑气候和土壤条件的影响，也要考虑社会经济的因素。世界先进的葡萄生产国都非常重视葡萄品种区域化，无论鲜食葡萄还是酿酒葡萄都有其详细的区域化规划。我国已经制定了葡萄优势区域发展规划，要充分利用规划的引导作用，在全国葡萄优势区域内选择适宜的优良品种合理布局，进行规模化生产，实现资源高效配置；充分利用不同产区的生态优势和资源优势，降低生产成本，提高果品质量，开发适销对路的优质高效产品，增强国内外市场竞争能力，形成具有国际市场竞争力的产品和品牌。

2. 苗木繁育脱毒化、植物检疫规范化

欧美各国普遍推行葡萄嫁接栽培，推广无病毒苗木。长期以来，我国葡萄苗木繁育主要以个体经营为主，缺乏正规的、规模化的葡萄苗木生产企业，出圃苗木质量参差不齐；苗木市场混乱，假苗案件时有发生，生产、流通缺乏有效管理与监督；苗木多为自根苗，对抗砧嫁接的重视不够。检疫形同虚设，而葡萄检疫性病虫害（葡

萄根瘤蚜和葡萄病毒病）有逐步蔓延之势。今后应严格实施"苗木生产许可证"制度和苗木"植检许可证"制度，并建立生产、流通档案制度，加大扶持以生产葡萄嫁接苗、脱毒苗为目标的现代化苗木企业的建设，为产区的发展提供优质苗木。

3. 栽培品种多元化、品种结构科学化

随着广大消费者消费档次的提高，无核葡萄越来越受到市场的欢迎和喜爱，在许多国家如美国，鲜食葡萄中有80%以上是无核品种。无核品种具有食用方便、质量优良、市场好等特点，今后优质、大粒、无核化是鲜食葡萄的发展方向。鲜食早、中、晚品种结构进一步优化，以延长鲜果市场供应期。国外葡萄的80%用于酿酒，鲜食只占20%，我国与此正好相反，用于酿酒等加工业的比例较低，今后应积极发展果品加工业，发展专用的酿酒、制干、制汁等优良加工品种，提高加工品种在葡萄产业中的比重，延伸产业链，提高产品附加值；建立加工品种的生产基地，保证稳定充足的原料供应；并在特定的气候区域内发展特有的栽培品种，以满足市场的特殊需求。

4. 栽培技术标准化、果园管理机械化

国外在葡萄园的建立、整形修剪、土肥水管理、病虫害防治等方面已形成稳定的规范化体系。目前我国葡萄生产多数是家庭承包、分散经营，栽培面积小，绝大多数生产者不了解、不熟悉有关果品生产标准，部分生产者甚至仍使用国家明令禁用的剧毒、高残留农药，造成了不同程度的环境污染。加上果农组织化程度较低，抵御自然灾害和市场风险的能力差，区域内难以实行标准化的管理，商品质量的一致性差。因此，在推进我国葡萄产业进程中，必须把标准化的建园及栽培技术用于葡萄生产的全过程，并将我国葡萄标准与国际标准接轨，进行优质葡萄标准化生产，提高果品的质量和商品性。

随着近些年劳动力成本的增加，果园日常管理用工成本也迅速增加，加上果园的规模越来越大，大量使用人工进行日常管理已不现实。而果园采用机械化作业或辅助农事生产作业机械化，可大大减少劳动力投入，实现轻简化作业，保障现代葡萄产业可持续发展。

5. 采后处理商品化、果品营销品牌化

果品是商品性很强的产品,优质是商品的生命。先进生产国的鲜食葡萄都经过分级、保鲜、包装等商品化处理后再投放市场,并且已经基本实现鲜食葡萄的冷链流通。我国果品采后商品化处理从20世纪80年代才开始起步,目前仅有1%左右的果品进行采后商品化处理。绝大多数果实采后不经商品化处理就直接上市,造成外观品质差、货架期短、缺乏竞争力、采后损失严重。主要产区的选果场建设才刚刚起步,现代化果实分选处理流水线还屈指可数,采后处理技术还没有广泛普及。为此要引进或研制自动化分级、包装机械,并按照产品的国际质量标准,开发多种多样的包装产品。此外,要积极发展产地节能储藏保鲜的配套技术,兴建果品储藏冷库、气调库、土窑洞、通风库等,做到葡萄均衡上市,季产年销,避免大批葡萄在短期内涌入市场。

积极支持和引导各种形式的农民合作组织和销售中心,采取统一管理、规范生产、风险共担、利益分享等形式,实行统一的生产技术规程,以保证商品质量的一致性,使产品上规模、上水平,增强市场竞争力,创造知名品牌,积极发展产地批发市场,建立完善果品批发市场体系,并重视加强果品产销信息网络的建设,摆脱生产、销售两难的境地。加速开发国际市场,形成具有国际市场竞争力的产品和品牌。

6. 控制产量、提高品质、保证果品质量安全

目前,我国葡萄栽培管理水平参差不齐,果品产量和质量相差悬殊,多数葡萄主产区仍沿用传统的高产、稳产的栽培管理技术,果品质量普遍较差、效益较低、果品质量安全无保障。今后控制单位面积葡萄产量,提高果品质量,增加优质果率应是葡萄栽培的中心环节。因此,必须建立、健全果品质量管理体系,加强果品生产环节的监督管理,强化质量监控手段,以确保果品质量安全。

第一章 葡萄生产概述

第二章
葡萄生产基础知识

第一节　认识葡萄

一　葡萄的主要器官与功能

　　葡萄与其他植物一样，是由具有一定功能的各种器官构成的。成龄的葡萄植株包括地上、地下部分。地下部分是根系，地上部分包括主干、主蔓、侧蔓、结果母枝、结果枝、营养枝、副梢、卷须、叶片、冬芽、夏芽、果穗、果实等（图2-1），其主要器官的构成及功能如下。

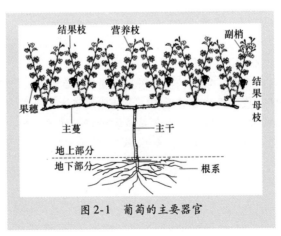

图 2-1　葡萄的主要器官

1. 根

葡萄的根系有两种类型：以种子播种的实生根系和以扦插或压条繁殖的茎源根系。

（1）实生根系 实生根系主要包括主根、侧根、幼根（图2-2）。

（2）茎源根系 茎源根系主要包括根干、侧根和幼根（图2-3）。

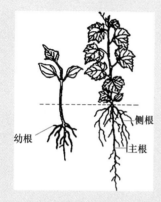

图2-2　葡萄的实生根系

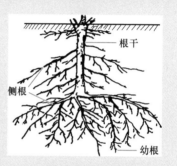

图2-3　葡萄的茎源根系

【知识窗】　　　葡萄根系的功能

葡萄的根系非常发达，属于肉质根，生命力强盛。生产中大多数葡萄的根是通过扦插、压条等无性繁殖产生的茎源根系。葡萄的主根和各级侧根起着固定、支撑葡萄植株，输送水分和营养，储藏有机营养物质的作用。葡萄的幼根具有吸收水分和营养，合成多种氨基酸和激素类物质等有机物质的功能。根系对新梢的生长、开花坐果、果实发育、花芽分化等有重要的调节功能。

2. 茎

葡萄的茎包括主干、主蔓、侧蔓、结果母枝、结果枝、营养枝、副梢等。从地面到分支处的部分称为主干，主干上的分枝叫主蔓；

主蔓上的多年生侧分枝称为侧蔓；着生结果枝的枝叫结果母枝；带有花序（果穗）的新梢称为结果枝；不带花序的新梢称为营养枝或发育枝；从当年生枝上萌发的枝条称为副梢。在冬季需要下架埋土防寒的地区，葡萄植株无明显的主干，从地面或近地面部分直接分生出主蔓。主蔓可以是1个，也可以是多个不等。

葡萄的茎构成了葡萄植株的树冠骨架，对树体的各种器官起着支撑作用。茎的木质部和韧皮部对水分、矿质营养和光合产物等物质的运输起着重要作用。另外，葡萄的茎与根系一样可储藏大量的光合有机物质，一方面用于茎的运输，另一方面用于植株营养的调节。

3. 芽

葡萄的芽包括冬芽和夏芽。

（1）冬芽 冬芽是由位于中央的1个主芽、周围的2~6个副芽及鳞片构成，俗称"芽眼"（图2-4）。冬芽在生长季中形成，为晚熟性芽，一般情况下经越冬后第二年春天才萌发，抽生新梢（结果枝和营养枝）。但在受到刺激（如重摘心、前部受伤、人工诱导等）的情况下也可当年萌发，形成冬芽副梢。

冬芽的主要功能是每年长出新梢，保证植株生长。另外还可以利用一年生枝通过扦插或嫁接繁育苗木。

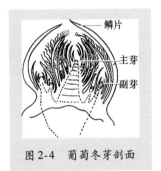

图2-4 葡萄冬芽剖面

鳞片
主芽
副芽

春天主芽先萌发，抽生的新梢较为旺盛，新梢为结果枝时，花序较大。副芽一般不萌发，当主芽受害时，副芽才萌发，但长出的新梢及花序都不如主芽。有些品种常有主、副芽同时萌发的特性，形成1个芽眼抽生2~3个新梢，为了节约树体营养，萌芽后副芽枝应尽早抹除。

没有萌发的冬芽及冬芽中的副芽，随着枝龄的增长而潜伏在皮层下，形成了潜伏芽或隐芽。葡萄植株，特别是分支处有大量潜伏芽，当受到强烈刺激时（如重回缩、重疏枝等），潜伏芽便萌发形成新梢，可以用于葡萄植株更新和枝组更新。

（2）夏芽 位于新梢叶腋中冬芽的旁边，无鳞片，为裸芽，具有早熟性，形成快，幼叶出现 1 周后即可在叶腋间看到夏芽，在 3 周后萌发形成夏芽副梢（图 2-5）。

夏芽副梢上形成的叶片，可以补充新梢叶片的不足，增加树体的叶面积，提高新梢的营养水平，为新梢生长、果实发育、花芽分化提供丰富的营养物质；也可以利用夏芽副梢进行整形，培养结果母枝，加速成形；还可利用夏芽副梢实现当年二次结果，调节产期，增加产量。

4. 叶

葡萄叶为单叶，由托叶、叶柄、叶片组成。叶片形似人的手掌，多为 5 裂，少数品种有 3 裂的。叶片的大小、形状、裂刻深浅和形状等特征，因葡萄的种类和品种不同有很大差异，可作为鉴定品种的依据之一（图 2-6）。

图 2-5 新梢上葡萄冬芽及夏芽副梢

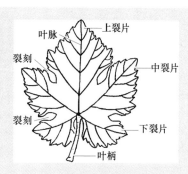

图 2-6 葡萄的叶片

【知识窗】 　　　　　葡萄叶的功能

葡萄的叶一是进行光合作用，利用水、矿质元素、二氧化碳及光能合成植株生长所需的有机营养物质；二是进行呼吸作用，为植株的生长发育提供所需的能量；三是进行蒸腾作用，通过蒸腾拉力将水分和矿物质运送到树体的各个器官，通过蒸腾作用还可以降低树体温度，避免高温对植株的伤害；四是进行吸收作用，叶片通过气孔可以直接吸收水分和矿质营养，其速度比从土壤中通过根系吸收要快几十倍。因此在生产上常通过叶面喷肥来补充和调节树体营养。叶片多少与果产量和品质有密切关系。

5. 花和花序

（1）花 葡萄的花很小，分为两性花、雌性花和雄性花（图2-7）。两性花又称完全花，具有发育完全的雄蕊和雌蕊，雄蕊直立，有可育花粉，能自花授粉结实，由花冠、花梗、花托、花萼、蜜腺、子房、雌蕊、雄蕊等构成。

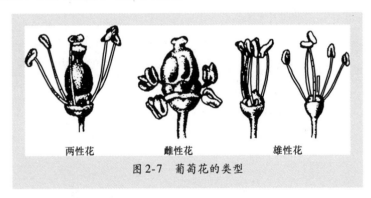

两性花　　　　雌性花　　　　雄性花

图2-7　葡萄花的类型

（2）花序 葡萄的花序为圆锥状花序，由花序梗、花序轴、花梗、花蕾组成（图2-8）。

6. 卷须

卷须与花序为同源器官，在分化过程中，营养充足时分化成花序；营养不足时，则分化成卷须，卷须与花序之间有多种过渡形态（图2-9），生产上常见到卷须状花序。卷须具有缠绕固定枝蔓的作用，不同品种葡

花序梗

花序轴

花蕾

图2-8　葡萄的花序

萄的卷须着生规律不同。美洲葡萄系品种枝蔓各节均能长出卷须，欧洲葡萄系品种枝蔓断断续续长出卷须。在栽培管理中，为方便管理和节约养分常掐掉卷须。

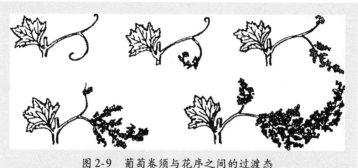

图2-9　葡萄卷须与花序之间的过渡态

7. 果穗

果穗由穗轴、穗梗和果粒组成。葡萄花序开花授粉结成果粒之后，长成果穗。花序梗变为果穗梗，花序轴变为穗轴。果穗因各分枝发育程度的差异而形状不同，常见的有圆柱形、圆锥形、分枝形等形状（图2-10）。

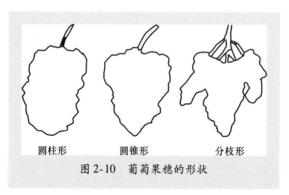

圆柱形　　　　　圆锥形　　　　　分枝形

图2-10　葡萄果穗的形状

果穗的大小、整齐度、紧密度是鲜食葡萄外观品质的重要指标。根据果穗上果粒着生的密度可分为极紧穗、紧穗、松穗和散穗四种类型。根据果穗长度和重量的不同可将果穗分为五种类型（表2-1）。

表2-1　果穗的类型

依据类型	小型	中型	较大型	大型	特大型
长度/cm	<10	10～15	—	15～30	>30
重量/g	<150	151～250	251～400	401～600	601～800

8. 果粒

果粒由子房发育而成。它由果柄、果蒂、果刷、果肉、维管束、种子和果皮组成（图2-11）。果粒的形状有圆柱形、长椭圆形、椭圆形、圆形等（图2-12）。根据果粒大小可分为小型、中型、大型及特大型等（表2-2）。果刷的长短与果实的耐储运性有密切关系，果刷长的不易落粒，耐储运。

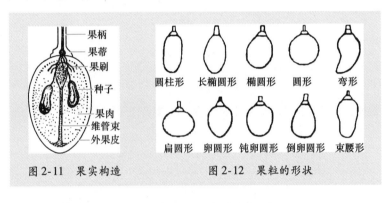

图2-11　果实构造　　　　图2-12　果粒的形状

表2-2　果粒的大小

依据类型	小型	中型	大型	特大型
纵径/mm	<13	13～18	19～23	>23
重量/g	<3	4～6	7～9	>10

果皮颜色因品种不同而各异，其着色亦随果实成熟度而变化。果内含有大量水分，故称浆果。评价品种表现优劣，主要看果形大小、果皮厚薄及是否易与果肉分离、果肉质地、含可溶性固形物多少、糖酸比、含有色素及芳香物质多少等。果粒紧密度也是一项考核指标，一般鲜食葡萄以穗大、粒大、果粒不过密为最佳。

二 葡萄的生长与发育

1. 根系

（1）根系的分布特点 葡萄植株有大小几千条根，主要分布在 20~60cm 土层中，水平分布大于垂直分布。旱地葡萄根系深可达 3~5m 以上，所以耐旱性强。栽植前深挖定植沟，多施有机肥，以后每年加深加宽施肥沟，对促进根系生长和促进高产优质有重要意义。

（2）根系的生长 葡萄根系没有自然休眠期，当环境条件适合时，周年均可生长，在自然情况下由于受内部与外部条件的影响，葡萄根系生长表现出周期性的变化，一年中葡萄的根系有 2~3 个生长高峰。主要生长高峰出现于夏初至盛夏前期，即 6~7 月；其次为夏末至秋季，即 9~10 月。但是，由于植株本身及外界环境条件的差异，根系生长高峰出现的时期、次数及生长量有所不同。

（3）影响根系生长的因素 根系的生长与品种、树体的营养状况、内源激素的平衡等因素密切相关。抗旱、抗寒的品种根系分布深。每年根系前期的生长主要受上年储藏养分多少的影响，而中后期的活动主要受当年制造碳水化合物多少的影响。如新梢产生的生长素对新根的发生有重要的刺激作用。根系的生长还与土壤温度、水分、通气状况、土壤质地、土壤养分等有关。葡萄根系在土壤温度达到 12~14℃时开始生长，最适宜生长的土壤温度为 15~25℃，超过 25℃根系生长受到抑制而迅速木栓化或死亡。适宜根系生长的田间最大持水量为 60%~80%，当土壤水分降至一定程度时，即使其他条件适合，根系也会停止生长。土壤水分过多，则土壤通气性差，影响根系呼吸，削弱根的生长和吸收，严重时根系会窒息死亡。有灌溉条件的，尤其是采用滴灌条件的葡萄园，根系分布浅而集中。棚架下湿润的小环境有利于根系的分布。土层深厚、土质疏松的土壤，葡萄根系分布深。地下水位高和排水困难的地块易引起根系窒息。根总是向肥多的地方生长，尤其有机肥可使果树发生更多的新根。

2. 新梢

（1）新梢的生长 葡萄枝条的生长包括加长生长和加粗生长两

类。自然生长条件下，葡萄新梢生长迅速，年生长量较大，一年中能多次抽梢。新梢的生长是典型的S曲线。葡萄萌芽后，新梢生长缓慢，随着气温的升高，新梢的生长逐渐加快，至开花前或开花期达到高峰，新梢生长量最快时日生长量为5～7cm。不摘心一般一年能长1～2m，最长可达10m以上。坐果后，新梢的生长速度重新增加，此时往往由于摘心，副梢进入旺盛生长阶段，持续到葡萄转色期，新梢生长再次减缓。新梢生长前期，一直呈绿色，果实成熟前1～2周，新梢基部开始成熟，然后由下而上逐渐成熟，枝条的颜色由绿变褐，节部明显膨大，冬芽饱满，木质化加强，含水量减少，干物质迅速积累。

（2）影响新梢生长的因素 新梢生长受许多因素影响，主要包括品种、气候条件、植株状况和栽培技术等。在10～30℃之间，新梢生长速度随温度的升高而增加，最佳生长温度为25～28℃，高于30℃，生长速度降低，接近38℃时生长停止。光照主要通过光照时间来影响生长。生长期水分充足能促进新梢生长。植株负载量过大时，新梢生长细弱。上年树体营养储藏充足，新梢生长强；养分不足，新梢生长弱。

（3）生长势及枝条质量 葡萄的树势可以通过新梢生长的长度、粗度、整齐度，叶色，叶片大小、形状等分为极强、强、中庸、弱、极弱5种类型。在生产中要判断树势的强弱，对于刚生长的枝条可以根据新梢基部是否有水珠加以判断，如果在正常天气条件下，新梢基部的水珠较多，说明将来枝条的生长较旺。也可以在展叶后7～10天，根据新梢基部的粗细程度、新梢先端生长点的生长状态对树势加以判断。一般认为新梢基部越粗，先端生长点

长势强　长势中庸　长势弱

图2-13　新梢生长势

越壮，新梢先端向下弯曲呈镰刀状，说明树势越强，反之则越弱（图2-13）。同时，不同树势上的枝条生长发育状况也不相同。

极强树势：这类树势的新梢在展叶期生长速度并不是很快，但到展叶5~6片后，新梢开始快速生长并一直持续到果实膨大期。临近收获期新梢的生长变缓但仍在继续生长，这类树容易产生落花落果，在生产中应该加以注意。

强树势：树体结果母枝的基部与先端新梢生长的状况存在差异，生长不整齐。节间较长、粗，叶片色深、大，果穗大，到开花前新梢的生长属于中庸，进入开花期以后新梢生长逐渐转强，并且新梢的生长一直可以持续到果实的软化期。开花以后不同部位发生的新梢生长量表现明显差异，生长好的新梢上开始产生副梢，到收获期新梢停止生长。

中庸树势：发芽较早，新梢生长整齐。平均2~2.5天产生一片叶片，叶片数与果穗的发育关系较为紧密。从开花后到果实膨大初期，新梢的生长量达到最大值。在果实快速膨大期新梢生长开始衰弱，并大量发生副梢，副梢一般生长到两三片叶自动停止生长。

弱树势：新梢生长的整齐度不好，基部芽的生长较迟并且发育不良，叶片黄化开始较早，叶片小，从硬核期到果实软化开始新梢已经完全停止生长。

极弱树势：展叶最早，但展叶后新梢生长非常缓慢，到果实膨大期新梢已停止生长，基本不发生副梢，叶片黄化严重。

　　枝条质量的好坏直接影响着植株的抗性、发芽率、花芽分化及质量等。通常要判断一年生枝的质量可以利用枝条的横切面、髓心组织的大小、节间的弯曲角度来评判（图2-14）。如果横切面呈近圆形，枝条中心的髓部组织较小，节间较短，上下节之间存在着一定的角度，则说明枝条的生长发育良好；反之，如果枝条横切面呈长扁椭圆形或扁椭圆形，中心髓部组织较大，上下节间角度较小或没有角度，则说明枝条发育不充实或徒长。

3. 叶片

（1）叶的发育 随着新梢的生长，在节部形成的叶也同时生长。叶的发育经过叶原基的出现，叶片、叶柄和托叶的分化，叶片展开至叶片停止增大，直至衰老脱落等过程。单叶的生长发育经历四个阶段。第一阶段为嫩叶期，在此期间叶片达到应有的大小和厚度，前期生长主要依靠储藏营养或其他成叶的供养。幼叶长到

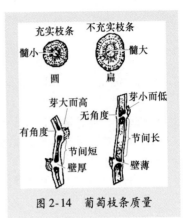

图 2-14　葡萄枝条质量

正常叶片大小的 1/3 以前，叶片光合作用制造的光合产物不能满足其自身生长的消耗，只有长到正常叶片大小的 1/3 以上时才能自给自足，并能把多余的光合产物输送出去，供其他器官和组织利用。第二阶段为成龄期或功能期，持续约两个月，叶片的光合能力进入旺盛阶段，有大量的光合产物输入周围的果穗、新梢、幼叶和新根，同时也有部分输入枝干、大根供其加粗生长和储藏。第三阶段为前衰老期，持续约 5 周，这一时期叶片制造碳水化合物的能力明显降低，营养集中供应果实成熟和枝干储藏。第四阶段为叶片老龄期，表现为功能衰退，细胞质解体，叶内光合产物向外转移，花色素显现，叶柄基部产生离层，秋风一刮即开始落叶，完成一生的使命。

叶片从展开到长到固定大小所需的时间因品种、气候及在新梢上的节位不同而不同（图 2-15）。新梢基部的叶片，因形成时环境因素的关系，在展叶后第一周发育缓慢，第二或第三周进入迅速生长期，到长到固定大小需要 30 ~ 40 天时间，并且叶片较小，寿命较短，叶龄仅为 120 ~ 150 天；新梢中部的叶片，从展叶到长到固定大小需要 25 ~ 30 天时间，叶片最大，光合能力最强，叶龄可达到 160 ~ 170 天；新梢上部生长末期的叶片，因气温下降，从展叶到长到固定大小需要 20 ~ 25 天时间，叶片小，光合能力最弱，寿命最短，叶龄为 120 ~ 140 天。基部叶最早进入衰老期，因此果实转色后

摘掉基部老叶以使果穗曝光上色，并不会对植株的光合生产造成很大影响，相反，保护好新梢上部功能叶或副梢的成龄叶，不但有利于果实的成熟，也有利于促进根系的秋季生长和树体的营养积累，有利于树体越冬。干旱、病虫害及涝灾都能促进叶片衰老而提前落叶。

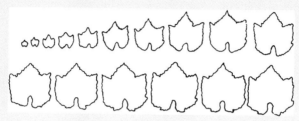

图 2-15　巨峰葡萄第 6 叶的生长过程

（2）**叶果比及叶面积系数**　葡萄进入结果期，要注意合理控制叶果比指标。一般每一标准果穗（350g 左右），需要 15 ~ 20 片叶。当叶果比低于 15 时，表示叶片不够，果穗太多，负载量大，应适当疏穗或整穗，否则就会影响果实的品质；相反，当叶果比超过 20 时，则说明坐果不足，生产潜力没有充分地发挥出来，应尽量做到保花保果。使叶果比保持最佳值，能达到提高葡萄产量和品质的目的。

叶面积系数也称叶面积指数，是指单位面积上所有果树叶面积总和与土地面积的比值。叶面积系数 = 叶面积/土地面积。叶面积系数高则表明叶片多，光合面积大，光合产物多。但随着叶面积系数的增大，叶片之间的遮阴率加重，获得直射光叶片的比率降低。多数落叶果树当叶片获得的光照强度减弱至 30% 以下时，叶片对光合产物的消耗大于合成，变成寄生叶。葡萄的叶面积系数以 3 ~ 5 较为合适。

（3）**叶幕**　叶幕是叶片在树冠内的集中分布并形成一定形状和体积的叶群体。春季萌芽后，随着新梢上叶片数量的增加形成了叶幕。根据葡萄架式及整形方式（彩图 17 ~ 彩图 23）的不同，其叶幕可以分为垂直叶幕形、平面式叶幕形及混合叶幕形（图 2-16）。

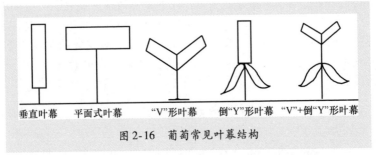

| 垂直叶幕 | 平面式叶幕 | "V"形叶幕 | 倒"Y"形叶幕 | "V"+倒"Y"形叶幕 |

图2-16　葡萄常见叶幕结构

葡萄叶幕形成的早晚、维持时间长短、形态结构优劣与光能利用和葡萄的产量、品质密切相关。为了保持叶幕较长时间的生产状态，在年周期中要求前期叶幕形成快、中期相对稳定、后期维持时间长。因此生产中，针对不同生长时期，需采取各种有效的技术措施，增加光合有效叶片数量，形成高效稳定的叶幕结构，以延长叶片功能期，提高叶片的光合效率。如新梢迅速生长期节间加长，叶片数量和面积快速增加，则表明是叶幕的主要形成期，也是树体营养转换期和全年需肥水临界期，这一时期必须加强肥水的供应，保证叶幕早期形成。中后期叶幕的稳定可通过修剪、病虫害防治、肥水管理等栽培技术实现。

4. 花芽分化与开花

（1）花芽分化　葡萄的花芽是混合芽，有夏花芽、冬花芽之分。夏花芽于当年抽生出带花序的副梢并结果，冬花芽于第二年开花结果。

新梢上花序开花期是葡萄冬芽花芽分化的开始。随着新梢的生长，新梢上各节冬芽由下而上逐渐开始分化，但基部1~3节上的冬芽分化迟或分化不完全。花后2个月左右，完成第二花序原基分化后，其分化速度即变缓慢，到当年秋季逐渐分化出花序原基、各级穗轴原基、花蕾原基、第一花序原基、第二花序原基，冬季休眠期花芽分化最弱，这一阶段主要依靠当年叶片制造的营养维持；第二年萌芽和展叶后，在上一年分化的基础上继续分化，随新梢的生长，花序上的花朵才依次分化出花萼、花冠、雌蕊、雄蕊等，直至形成完整花序，这一阶段主要利用树体上年储藏的营养维持。因此，树体储藏养分的多少，对早春花芽的继续分化有着重要影响。

葡萄在自然生长条件下，夏芽萌发的副梢一般不形成花芽。但采取一些措施，如对主梢摘心，则能促进葡萄夏花芽的分化。由于葡萄夏花芽形成时间短，结果性状不好，因此形成的花序较小。

影响花芽分化的因素主要是温度、光照和营养条件。花芽分化需要较高的温度，特别是6月中旬至7月中旬的气温与第二年春天新梢上的花序数量呈正相关。良好的光照、适宜的温度、充足的水分和大量的营养物质能促进花芽分化。产量过高、留枝量过多造成架面郁闭影响花芽分化。所以在生产上应当加强肥水管理、科学夏剪，使葡萄植株少消耗，多积累营养物质，以促进花芽分化，为结果丰产打下基础。

（2）花序 葡萄的花序一般分布在果枝的3~8节上。不同种的每个果枝上具有的花序个数有所差异（表2-3）。花序上的花蕾数因品种和树势而异。发育好的花序一般有1200~1500个，多的可达2500个以上。在一个花序上，一般花序中部的花蕾发育好、成熟早，基部花蕾次之。尖端的花蕾发育差，成熟最晚。所以，一个花序的开花顺序一般是中部先开，其次为基部，顶部最后。

表2-3　不同种群葡萄结果枝上花序个数

葡萄种群	欧 亚 种	美 洲 种	欧美杂交种
花序个数/果枝	1~2	3~4	2~3

（3）开花 生产上种植的绝大多数葡萄品种是两性花，可自花结实和异花结实。雌性花的雌蕊正常，但雄蕊向下弯曲，花粉不育，无发芽能力，必须接受外来花粉才可以结实，否则只能形成无核小果，并且落花落果严重。如花叶白鸡心、山西清徐的"黑鸡心"、河北宣化的"老虎眼"等，此类品种需配置授粉树，还可进行人工辅助授粉。雄性花的雌蕊退化，没有花柱和柱头，故不能形成果实，但雄蕊正常，有花粉。野生种葡萄如山葡萄、毛葡萄等为雌雄异株，即一些植株具有雄花，另一些植株具有雌花。

葡萄开花的进程可以分为：花序伸长期→花序分离期→花朵分

离期→开花授粉期→坐果期。开花时，花蕾上花冠由绿变黄，花丝不断伸长，最后花冠呈片状裂开，由下向上卷起而脱落（图2-17）。部分品种在花冠脱落前就已经完成授粉、受精过程，这种现象称为闭花授粉，是一种最严格的自花授粉形式。大多数品种仍是在花冠脱落后才进行授粉、受精过程。柱头授粉后逐渐变褐干枯，胚珠受精，子房开始膨大、坐果。

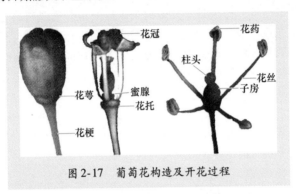

图 2-17　葡萄花构造及开花过程

葡萄从萌芽到开花一般需要6~9周，时间的长短主要与10℃以上的积温有关。开花的速度、早晚主要受温度的影响。一般在昼夜平均温度达到20℃时开始开花，在15℃以下时开花很少。一天中8：00~10：00开花最集中。开花期长短与品种及天气有关，一般为6~10天。低温（15℃）阴雨天气开花延迟，妨碍花冠脱落和花粉散播，影响坐果。盛花后2~3天没有受精的子房，在开花后1周左右脱落。花后1~2周，如果受精后种子发育不好，幼果也会自行脱落，这种现象称之为生理落果。生理落果是葡萄的自我调节，以保持合理的坐果率。

在生产上，一般欧亚种品种自然坐果率较高，能满足产量要求；而巨峰、京亚等一些四倍体欧美杂交种的品种自然坐果率较低，果穗小而散，落花、落果严重，必须加强栽培管理进行调节。

5. 果实

从坐果到果实完熟，葡萄浆果的生长发育呈双"S"形，一般为三个阶段（图2-18）。

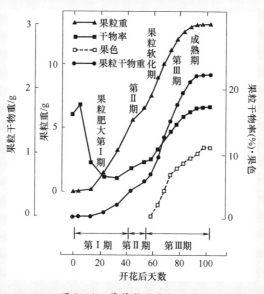

图 2-18 葡萄浆果生长曲线

第一阶段为幼果膨大期（第 I 期）。自坐果至核层硬化，此期可持续 4~7 周，是果实的纵径、横径、重量和体积增长的最快时期。前期主要进行细胞分裂，其细胞数目急剧增加，随后细胞体积迅速扩大，幼果的日生长量最大可达 0.8mm。这期间浆果绿色，果肉硬。果皮和种子迅速生长，胚很小，期末时种子达最终大小。

第二阶段为浆果缓慢生长期（第 II 期）。又称硬核期，此期可持续 1~5 周，浆果生长缓慢，果实纵、横径基本不增大，外观有停滞之感，这一时期的生长主要表现为胚的发育与核的硬化，其中早熟品种、无核品种这一时期相对短些，只有几天；而晚熟品种时间较长，可持续 4 周。此期内果实仍然硬绿。此期过后浆果开始失绿变软，酸度下降、糖分开始增加，即进入转色期。

第三阶段为果实成熟期（第 III 期）。此期可持续 5~8 周，果实体积进一步膨大，成熟前期细胞体积继续扩大一直达到果实应有的大小。中后期果实变得富有弹性，慢慢变软，含糖量迅速上升，酸度急剧下降，色素物质逐步积累，芳香物质逐步合成，浆果开始着

色。当达到品种应有的色泽和风味时即进入完熟。

三 葡萄的物候期

　　葡萄植株的生长发育每年都随着季节的变化而发生变化，这种周期性的规律性的变化称为物候期。我国习惯按时间进程将年周期划分为几个主要阶段，即伤流期、萌芽期、新梢生长期、开花坐果期、果实生长期、果实着色期、果实成熟期、新梢成熟与落叶期、休眠期等（图2-19）。各阶段的生命现象存在重叠与交叉，每个阶段还可进行更详细的划分（图2-20），人为划分只是为了方便生产管理。

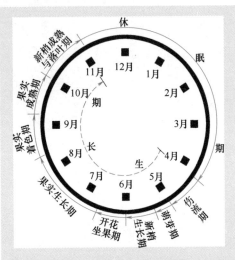

图2-19　葡萄的年生长周期与主要物候期（沈阳地区）

　　1）休眠期：从落叶到第二年树液开始流动期止，称作葡萄休眠期。根据葡萄本身的生理作用与外界条件的关系可分为自然休眠期和被迫休眠期两类。葡萄自然休眠期的长短因品种不同而不同。

　　2）伤流期：由树液流动开始到芽萌发结束，一般持续15～25天。在这段时期，树液通过枝叶伤口外流。葡萄的伤流液与生长季中的树液在成分上有所差异，它的有机物（糖、酸）含量更高，而矿物质含量较低，这说明伤流液主要是由储藏养分构成的。

　　3）萌芽期：春季气温逐渐上升，达到10℃时，冬芽膨大，随后鳞片裂开，露出茸毛，并在芽的顶端呈现绿色。一般以50%的芽达到绒球期时的日期作为葡萄的萌芽期。

　　4）新梢生长期：从展叶到新梢停止生长的这一时期称为新梢生长期，一般为100～120天。由于生产中常在开花前后进行摘心，新梢的生长就会暂时停止。因此，新梢生长期一般指从展叶到开花前

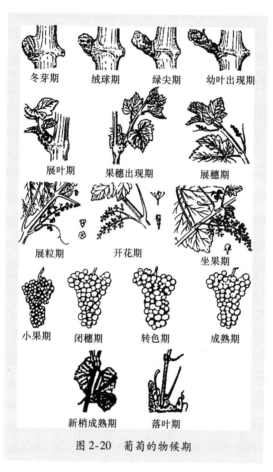

冬芽期　　　绒球期　　　绿尖期　　幼叶出现期

展叶期　　　果穗出现期　　　展穗期

展粒期　　　　开花期　　　　　坐果期

小果期　　　闭穗期　　　转色期　　　成熟期

新梢成熟期　　　落叶期

图 2-20　葡萄的物候期

的这一段时间，一般为 30 ~ 55 天。

　　5）开花坐果期：指由开始开花到坐果的这一段时间，一般历时 7 ~ 15 天。此时期是决定葡萄产量的关键时期。

　　6）果实生长期：残留的花完全落光，子房开始膨大到浆果转色之前为果实生长期。果实经历第一期迅速生长和第二期缓慢生长阶段。通常早熟品种为 35 ~ 60 天，中熟品种为 60 ~ 80 天，晚熟品种为 80 ~ 90 天。

　　7）果实着色期（转色期）：有色果粒开始显浅色，无色品种开始变软，这一时期浆果果皮的叶绿素大量分解，白色品种浆果色泽变浅，开始丧失绿色，微透明；有色品种果皮开始积累花青素，果色由绿色逐渐变为红色或蓝色。

8）果实成熟期：从果实转色期结束到浆果完全成熟时为果实成熟期，需35～50天。在此期中，浆果颜色改变，果实体积不再明显膨大，主要是进行营养物质的积累和转化，其含糖量迅速增加，含酸量及单宁物质逐渐减少。果皮变软，并逐渐达到其品种特有的颜色和光泽。

9）新梢成熟期：在果实成熟的同时，新梢也发生变化，由绿色逐渐变成黄棕色或红色，明显呈现出皱纹，木质化、质地变得坚硬。在新梢成熟过程中，主干和枝条中积累养分，特别是积累淀粉。新梢成熟期开始于新梢生长停止（即顶芽脱落），直到全部落叶结束。

10）落叶期：在枝条成熟的后期，叶片的颜色也发生变化，白色品种的颜色开始变黄；红色品种的叶片变黄。有时产生红色或褐色的斑点；染色品种（即果汁带色的品种）的叶片变红。最后，叶片的叶柄基部形成离层，叶片脱落。

第二节　葡萄对环境的要求及区划

一　葡萄对环境条件的要求

葡萄虽然适应性较强，但只有在栽培条件适宜的地区才能获得优质的果品。影响葡萄生长发育的主要环境条件是气候条件、地势及土壤条件等。

1. 温度

不同种群葡萄耐低温的能力不同。冬季休眠期，欧亚种葡萄的芽能忍受 -16℃左右的低温，低于 -17℃则有受冻害的可能。充分成熟的枝条可耐 -20℃低温。根系在 -7 ～ -5℃时即会受冻。美洲种、欧美杂交种抗寒性较强，欧亚种抗寒性稍差。

葡萄在不同生育时期对温度的要求不同。根系开始活动的温度为7～10℃。日平均温度10～12℃，芽开始萌发。新梢生长和花芽分化的最适温度为25～30℃，低于12℃新梢生长受到抑制，低于15℃

影响葡萄开花坐果。浆果成熟适温为 28 ~ 32℃，低于 14℃ 和高于 38℃对果实成熟不利。

不同用途的品种，对积温的要求不同。有效积温与浆果的成熟和含糖量有很大关系。有效积温不足，浆果含糖量低，含酸量高，着色差，品质下降。做香槟酒用的品种要求有效积温为 2500 ~ 3600℃，做甜葡萄酒的品种为 3600 ~ 4100℃，鲜食品种 3000℃以上，制干品种 4000℃以上。不同成熟期的品种，需要的有效积温也不同，一般极早熟品种为 2100 ~ 2500℃，早熟品种 2500 ~ 2900℃，中熟品种 2900 ~ 3300℃，晚熟品种 3300 ~ 3700℃，极晚熟品种 3700℃以上。

2. 光照

葡萄属喜光性果树，对光的要求较高。光照时数长短对葡萄生长发育、产量、品质都有很大影响。

葡萄叶片的光饱和点为 30000 ~ 50000lx，光补偿点为 1000 ~ 2000lx。光照充足时，枝叶生长健壮，叶色深绿而有光泽，光合作用加强，植株的营养状况较好，花芽分化充分，果实产量和品质提高，色、香、味俱佳。光照不足时，新梢细弱，叶薄色黄，光合效率低，产物少，植株营养不良，着色差，品质低劣。

葡萄的栽植密度、行向、架式、整形修剪等栽培技术措施都会影响葡萄的光能利用率。新梢密度大，叶幕层厚，叶片相互重叠遮阴，有效叶面积小，同化量降低，但新梢密度不足，叶幕层较薄，在夏季光照过强的情况下，易引起葡萄日灼病。保持架面枝叶适当的密度和良好的通风透光条件，是获得葡萄高产、优质的重要措施。

光的不同成分对葡萄结果与品质有不同的影响。蓝紫光特别是紫外线能促进花芽分化、果实着色和提高浆果品质。江、河、湖、海的反射光中蓝紫光较多，高山上紫外线丰富，这些生态条件对葡萄的生长发育及其产量、品质的提高均有良好的效果。我国葡萄主要产地如西北、华北和渤海湾沿岸地区，光照充足，日照时数较多，浆果品质优良。

3. 水分

葡萄是比较耐旱的果树，但要获得高产、优质，供应足够的水分是必要的。一般认为，在温和的气候条件下，年降雨量在 500 ~

800mm是较适合葡萄生长发育的。我国北方大多数葡萄产区，从年降雨量的总数看是适合的，但降雨量的分布很不均匀，春季干旱，夏、秋季降水集中，因雨多使病害较重，对浆果的成熟和品质极为不利。在降雨偏少，有灌溉条件、水土保持较好的地区，栽培葡萄尤为适宜。

葡萄的不同生长期对水分的要求不同。萌芽期、新梢生长期、花序生长期、果实膨大期，水分供应充足，能促进生长，提高产量。葡萄开花期，天气阴湿会影响授粉受精，引起落花落果。浆果成熟期，阴雨连绵或湿度过大，会引起病害滋生、果实腐烂、糖度降低、品质低劣。储藏用葡萄采收前一个月降雨量超过50mm，储藏中易感病害，不耐久储。葡萄生长后期，雨水过多，新梢生长结束晚，成熟不良，影响越冬。根据葡萄生长发育不同时期对水分的不同要求，适时灌水和排水，调节和控制葡萄水分的供应，对葡萄的高产、优质是至关重要的。

4. 地势与土壤

地势也是影响葡萄产量和品质的重要因素之一。地势高，紫外线充足，通风透光，有利于浆果品质的提高。一般山地葡萄比平地葡萄成熟着色早、色泽好、含糖量高、品质佳。南坡光照足，日照时数长，热量大，其果实品质优于北坡。我国葡萄栽培历史较为悠久的一些名产区，多为300~600m的丘陵山地，如山东烟台和平度、河北涿鹿和昌黎、山西清徐等。世界葡萄生产著名国家如法国、意大利、德国、美国等，其一些著名的葡萄园，也多建在山坡上。

葡萄对土壤的适应范围较广，无论丘陵、山坡、平原均可正常生长，一般土质类型均能栽培，但以较肥沃的沙质壤土最适宜，在这种疏松、通透性好、保水力强的土壤里，葡萄生长良好。黏质土壤通透性差、地温上升慢、肥劲来得迟，葡萄表现较差。盐碱地及低洼易涝、地下水位高的地块不宜栽种葡萄。栽植园以土层深厚（80cm以上），pH 6.5~7.5为宜。温室或大棚栽培情况下，对土壤要求更高，土质更应肥沃、富含有机质、通风透气。

二　我国葡萄生产气候区划

我国地域辽阔，地形复杂，从北到南横跨寒温带、温带、亚热带、热带几个气候带，山、沟、滩、塬、川均有分布，地形的复杂性伴随气候的多样性，这为葡萄发展提供了天然的、各种类型的栽培区，同时也使品种区域化工作和品种选择工作显得更为重要。按照生态条件的不同，可将我国葡萄栽培区归纳划分为以下几个区。

1. 冷凉区

该区是我国葡萄栽培的最北地区，主要包括甘肃河西走廊西部和中部、山西北部和内蒙古土默川平原、东北地区中部和北部及吉林通化地区。

（1）甘肃河西走廊西部和中部、山西北部和内蒙古土默川平原　该区的主要特点为：冬季严寒，降雪少，地面很少积雪覆盖；日照充足，昼夜温差大，无霜期短，年降雨量小。该区主攻方向为欧亚种鲜食葡萄。品种以早、中熟品种为主，可生产出优质鲜食葡萄。

（2）东北地区中部和北部及吉林通化地区　该区的主要特点为：冬季气候严寒，年极端最低温度一般在 -30℃ 以下，葡萄的根系容易受到冻害；生长期短，无霜期 120 ~ 130 天，一般的葡萄栽培品种很难适应。因此，在该区发展葡萄，露地栽培应以发展中、早熟品种和野生的山葡萄为主，如金星无核、京亚、87-1、蜜汁等欧美杂交种用于鲜食，双优、双红、左优红等山葡萄品种，用作酿酒加工原料。该区是发展葡萄保护地栽培的良好区域，近年来，保护地栽培在该区内已有发展，品种多为京亚、无核白鸡心、红地球等，目标以促成为主，避雨兼延迟栽培也开始兴起。在冷凉区栽培葡萄，应注意利用抗寒砧木，如贝达、山葡萄、山河 2 号、河岸 2 号、SO_4 等。

2. 凉温区

主要包括的区域有河北桑洋河谷盆地、内蒙古西辽河平原、山西太原盆地和甘肃武威地区、辽宁沈阳及鞍山地区。

（1）河北桑洋河谷盆地　该区是我国著名的葡萄产区，主要包括涿鹿、怀来、宣化等县。该区的主要特点为：气候温暖，半干旱，干燥，阳光充足，热量充足，昼夜温差较大，年降雨量在 400mm 左右，葡萄栽培病害少，果实着色好，糖分含量高。这里盛产中外著名的牛奶葡萄以及被誉为"北国明珠"的龙眼葡萄，近年红地球葡

第二章　葡萄生产基础知识

31

萄发展也表现出极大的潜力。

本区的葡萄栽培历史悠久，具有丰富的葡萄栽培经验，具有适应当地气候条件的栽培模式和葡萄储藏技术，是我国葡萄栽培的适宜地区，具有较大的发展潜力。适宜发展的品种除龙眼、牛奶、红地球葡萄外，应大力引进优质的鲜食欧洲种品种。该区还是我国酿酒葡萄的优良基地，著名的长城葡萄酒公司总部就设在怀来。该区主攻方向为欧亚种葡萄。

（2）内蒙古西辽河平原 该地区的自然条件与河北桑洋河谷盆地相似，有很大的发展潜力，栽培品种可参考河北桑洋河谷盆地，但应以发展早、中熟品种为宜。

（3）山西太原盆地和甘肃武威地区 晋中盆地的年降雨量为400～500mm，成熟季节的降雨次数明显减少；甘肃武威地区的降雨量为180mm左右，气候干旱，灌溉条件好。在这两个地区，葡萄的品质极好，含糖量高，酸度适中，着色好，病虫害较少，几乎不需要药剂防治。

在该栽培区内，应根据当地的气候和自然条件优势，大力引进不同成熟期的葡萄品种，改善品种结构和栽培方式，形成我国的优质鲜食葡萄基地和优良的葡萄酒原料基地。

该区主攻方向为欧亚种葡萄。

（4）辽宁沈阳及鞍山地区 该区限制葡萄发展的主要因素是冬季的低温，冬季极端低温可达到－30℃；葡萄成熟季节8～9月降雨偏多，对生产优质葡萄不利。栽培上应注意抗寒砧木的利用，育苗上采用抗寒砧木绿枝嫁接技术，提高葡萄植株根系的抗寒性，促进葡萄的发展。

该区也是发展葡萄保护地栽培的良好区域，多年来，保护地栽培得到长足发展，品种多为87-1、京亚、无核白鸡心等，目标以促成为主；如今该区避雨兼延迟栽培也开始兴起，沈阳于洪区已经把红地球葡萄推迟到元旦采收，获得了成功的经验。

本区葡萄发展定位应以鲜食欧美杂交种早、中熟品种为主，如巨峰、京亚等葡萄，保护地可适当发展部分欧亚种葡萄。

3. 中温区

该区主要包括：内蒙古乌海地区、甘肃酒泉地区、环渤海地区、山东半岛地区。

（1）内蒙古乌海地区 此区属于暖温带干旱区，是我国很有发展潜力的葡萄栽培区域。其土地资源丰富，灌溉条件好。气候条件特殊，热量充足，光照条件极好，年降雨量为160mm左右。葡萄发育良好，病虫害极少，葡萄的品质好，产量较高，多年来栽培的主要品种为无核白葡萄，已形成规模。近年来，红地球、克瑞森无核等品种也开始发展，传统的无核白品种逐渐被更新换代。葡萄品种发展的方向应为中、晚熟欧亚种。

（2）甘肃酒泉地区 该区也是我国发展葡萄的适宜地区，具有极大的发展潜力，其发展定位为欧亚种鲜食葡萄品种。发展的品种主要为无核白、红地球葡萄等。

（3）环渤海地区 该区是我国葡萄的主要产区之一，该区主要从辽宁大连，沿渤海湾经营口、锦州、葫芦岛，进河北秦皇岛、唐山到天津，绕山东半岛东营、莱州、招远、龙口、烟台最后到青岛。主要栽培的鲜食葡萄品种为巨峰、龙眼、玫瑰香、红地球等。该区域内气候条件适宜，热量和光照条件充足，年降雨量为600～700mm。冬季寒冷，大多数地区需要埋土防寒越冬。该地区除鲜食葡萄发展早、中、晚熟的欧亚品种，并加强葡萄的储藏保鲜外，还应大力发展酿酒用葡萄。

（4）山东半岛地区 该区是我国古老的葡萄产区。其气候特点是：海洋性气候，气候适宜。昼夜温差不大，冬季气候温和，光照条件好，年降雨量为600～800mm，现有葡萄栽培面积约1.8万公顷，年产葡萄酒约10万吨。葡萄成熟季节7～8月降雨偏多，9月降雨正常。鲜食葡萄品种主要是巨峰、龙眼、玫瑰香等，现在又着重发展一些优质的红地球等鲜食品种。该地区葡萄发展的定位应为：鲜食和酿酒并重，以中、晚熟欧亚品种为主。鲜食品种应着重加强栽培管理，严格控制产量，增加优质果品的产出率，发挥沿海运输优势，建成优质鲜食葡萄的出口基地。

4. 暖温区

该区主要包括新疆哈密和南疆地区、关中盆地和山西南部运城地区、京津地区、河北的中南部。

（1）**新疆哈密和南疆地区**　该地区气候温和干燥，昼夜温差大，光照充足，年降雨量为30～60mm，有丰富的地下水可供灌溉，是我国最适合葡萄栽培和发展的地区。根据考古和文献记载，当地葡萄栽培有几千年的历史。葡萄的主栽品种是无核白、和田红、木纳格等，其中除少数用于鲜食外（主要品种为和田红），大部分用来制作葡萄干，品质当属无核白最好。葡萄发展的方向应该是：利用本地区优越的自然条件，大力发展鲜食葡萄，引进一些优质、耐储运的高档鲜食品种，建成我国最大的无农药污染的优质鲜食葡萄出口基地。品种发展定位为无核白、红地球等欧亚种葡萄。

（2）**关中盆地和山西南部运城地区**　该区是我国葡萄栽培条件最好的地区之一。其气候条件优越，光照充足，年平均气温为17℃，昼夜温差大，年降雨量为500～700mm，降雨多集中在7～9月，在果实成熟季节降雨较多。冬季不需要埋土防寒，但要注意冬季和早春抽条。目前该地区栽培的葡萄品种以巨峰系种较多，红地球、克瑞森无核等优质晚熟欧亚种品种正处于大力发展之中。该区葡萄发展的方向应该是：大力引进鲜食品种，以早熟和晚熟品种为主，适当压缩中熟葡萄品种的种植面积，可以发展早、中、晚熟系列配套种，生产上注意葡萄果实的套袋。该区也是发展葡萄保护地栽培的适宜地区。

（3）**京津地区**　该区的气候条件特殊，背山面海，受地形条件的影响，光照条件、热量、水资源丰富；气候特点是春季回暖较快、干旱、风沙性天气较多，夏季炎热多雨，秋季秋高气爽，冬季寒冷、干燥、降雨较少；平均降雨量为500～700mm，降雨集中在夏季。京津地区是我国重要的葡萄产区之一。主栽的品种是巨峰、玫瑰香等。该区位于北京、天津等大都市附近，市场容量大，消费层次高，要求生产高档的葡萄果品。

在发展葡萄时，一定要注意果品的质量。该区的降雨多集中在夏季，应大力发展保护地葡萄，选择早、中熟的品种如京秀、京玉、维多利亚等，露地适宜发展高档、大粒、优质、耐储藏的品种，如意大利、红地球、秋黑和秋红等。

（4）**河北的中南部**　该区光照资源丰富，夏季高温、多雨，降雨集中在7~8月。目前，该区发展的品种多为巨峰系品种。适宜于本区发展的葡萄品种除欧美杂交种外，也可以发展品质优良的晚熟欧亚种。

5. 炎热区

该区主要包括新疆吐鲁番盆地、黄河故道地区。

（1）新疆吐鲁番盆地　该区位于新疆的东部，是我国最大的优质葡萄干生产基地。吐鲁番葡萄驰名海内外。该区内光照充足，热量极高，昼夜温差大（可以达到15℃以上），年降雨量极少，为20mm左右。新疆吐鲁番盆地也是我国鲜食葡萄栽培的最佳区域。这里，葡萄的病虫害极少，不需要药剂防治，是生产绿色食品的最佳地带。

该区葡萄发展的方向应该是：大力发展优良的鲜食葡萄品种，进一步提高栽培技术，扩大基地建设，使其发展成为我国最大的鲜食葡萄果品的出口基地。适宜的品种应以中、晚熟品种为主，如无核白、红地球等。

（2）黄河故道地区　该区气候温和、光照充足、生长季节长、降雨量稍大，一般为700~900mm，部分沿海地区达到1000mm以上，降雨集中，多在夏季。由于该地区的夏季高温多雨，使葡萄的病虫害严重，且成熟期的昼夜温差小，不利于葡萄着色和品质的提高，因此，该地区葡萄果品的品质不如北方产区。该区葡萄发展的方向应该是：选择抗病性强的品种，栽培方式上可适当发展保护地栽培、避雨栽培或延迟栽培等，充分利用当地的热量资源。

6. 湿热区

该区主要包括我国长江流域以南的广大地区。该区域内的主要气候特点为：热量充足，降雨量大，阴雨天气多，光照不足，气温高，昼夜温差小，生长期长。葡萄的病虫害严重，葡萄易徒长，花芽分化不良，品质和产量均不如北方。在该区种植葡萄，应选用抗病性极强的品种或采用特殊的栽培模式，如避雨栽培等。较为适宜的品种为欧美杂交种，并在栽培技术上进行改进，大力推广果实套袋技术。目前露地栽培的品种主要有巨峰、藤稔、信浓乐等欧美杂交种，避雨栽培选择的品种主要有无核白鸡心、京玉、粉红亚都蜜、

第二章　葡萄生产基础知识

维多利亚等欧洲种或翠峰、巨玫瑰等高档欧美杂交种。

第三节　葡萄的种类及优良品种

一　葡萄的主要种类

葡萄在植物学分类中属于葡萄科葡萄属。用于栽培的有20多个种，按照起源和亲缘关系，可将葡萄品种分为欧亚种群、东亚种群及北美种群三类。其中欧亚种群仅存留1个种即欧洲种，为最具栽培价值的种，已形成数千个栽培品种，其产量占世界葡萄总产量的90%以上。其抗寒性较差，抗旱性强，对真菌性病害抗性弱，不抗根瘤蚜。本种又可分为3个生态地理品种群（表2-4）。

表2-4　欧洲种葡萄生态地理品种群

品　种　群	主要分布区	主　要　用　途	我国栽培代表品种
东方品种群	中亚、中东及远东各国	鲜食和无核制干	无核白、龙眼、牛奶、粉红太妃等
黑海品种群	罗马尼亚、保加利亚、希腊、土耳其、摩尔达维亚、格鲁吉亚等	酿酒和鲜食兼用	白羽、晚红蜜、花叶白鸡心等
西欧品种群	法国、西班牙、葡萄牙、意大利、英国等西欧各国	酿酒	赤霞珠、雷司令、贵人香、黑比诺等

按照用途不同，可将葡萄品种分为鲜食品种、酿酒品种、制干品种、制汁品种、制罐品种等。按成熟期分为极早熟、早熟、中熟、晚熟、极晚熟品种（表2-5）。

表2-5　葡萄品种按成熟期分类

品种类型	≥10℃年活动积温	萌芽到成熟天数	代表品种	成　熟　期
极早熟	2000～2400℃	100～115天	沙巴珍珠、早玫瑰、奥利文	7月中、下旬
早熟	2400～2800℃	115～130天	葡萄园皇后、无核紫、花叶白鸡心	8月上、中旬

品种类型	≥10℃年活动积温	萌芽到成熟天数	代表品种	成熟期
中熟	2800~3200℃	130~145天	玫瑰香、巨峰、法国兰	8月中、下旬
晚熟	3200~3500℃	145~160天	龙眼、白羽、白雅	9月上、中旬
极晚熟	3500℃以上	160天以上	金皇后、瓦沙玫瑰	9月中旬后

二 主要优良品种

1. 主要鲜食品种

（1）巨峰 欧亚杂交种，原产于日本，石原早生与森田尼杂交育成的四倍体品种，是目前我国主栽的优良鲜食品种。果穗大，平均558g，单粒重12.5~13.3g，最大20g。黑紫色，皮厚，汁多，有草莓香味，可溶性固形物含量14.2%~16.2%；品质中上。北京8月下旬成熟；丰产，耐湿，抗病耐储运。巨峰系品种还有黑奥林、先锋、高墨、京亚、京超、京优等。

（2）红地球（晚红、红提） 商品名"红提"，又称提子。欧亚种，果穗大，平均单穗重800g，最大可达2500g。长椭圆形。平均粒重12g左右，最大粒重22g，圆形或卵圆形，暗紫红色。国外进口的为鲜红色。果肉硬脆，可溶性固形物含量16%左右。生长日数150~160天，积温3600~3700℃，晚熟品种，涿鹿10月上旬成熟，保定9月下旬成熟。不掉粒、耐储运，抗病性差（黑痘病、霜霉病）。

（3）无核白鸡心 欧亚种，早熟品种。果穗圆锥形，穗重500g左右，最大达1500g以上，果粒长椭圆略带鸡心形，平均粒重5.2g，果皮黄绿色，皮薄而韧，不裂果，外观美丽，果肉硬脆，肉厚无核，香甜爽口，品质极上。生长期125天。

（4）藤稔 乒乓葡萄。欧美杂交种。原产于日本，平均单粒重13~15g，重视疏粒，每穗留25~30粒，单粒重可达17~18g，最大单粒重25~30g（KT30处理）。黑紫色，皮厚，品质中上，可溶性固形物含量15%~18%。

（5）京亚 欧美杂交种，北京植物园从黑奥林实生苗中选出。果穗大，均重476g，最大1070g，平均粒重10.8g，最大20g，紫黑色，肉质软而多汁，味酸甜，有草莓香味，可溶性固形物含量13.5%～18%，含酸量0.65%～0.9%，北京8月上旬成熟，比巨峰早20～25天，抗病性强，耐运输，不落粒。

（6）巨玫瑰 欧美杂交种，以沈阳玫瑰作母本，巨峰作父本杂交育成，果穗圆锥形，平均穗重675g，最大穗重1250g；果粒短椭圆形，着生中等紧密，平均粒重9.5～12g，最大粒重17g。果皮紫红色至暗红色，中等厚，肉脆多汁，无肉囊，可溶性固形物含量19%～25%，总酸量0.43%，具有浓郁纯正的玫瑰香味，品质极佳，耐高温多湿，抗病性强，易栽培，好管理，耐储藏，耐运输，且储后品质更佳。

（7）泽香 用玫瑰香和龙眼杂交培育而成。果穗圆锥形，平均穗重450g，最大800g。果粒着生紧密，果粒圆形或椭圆形，平均粒重7g，最大8g以上。果皮黄绿色，充分成熟后为金黄色，果粒大小均匀，成熟一致。果皮薄，肉质脆，酸甜适度，清爽可口，品质上等。

（8）夏黑 欧美杂交种，三倍体无核葡萄。果穗大多为圆锥形，部分为双歧肩圆锥形，无副穗。果穗大、整齐，平均穗重415g，粒重3～3.5g，果粒着生紧密或极紧密。果粒近圆形，紫黑色到蓝黑色，着色一致，成熟一致。果皮厚而脆，无涩味。果粉厚。果肉硬脆，无肉囊，果汁紫红色。味浓甜，有浓郁的草莓味，无种子。可溶性固形物含量为20%～22%。鲜食品质上等。

（9）龙眼 欧亚种，原产于中国。果穗圆锥形，平均穗重500～1000g，最大穗重2100g。果实近圆形，紫红色或深玫瑰红色，平均粒重6.09g，最大果粒重7～8g。果肉柔软多汁，可溶性固形物含量15.5%～19%，含酸量0.9%左右，出汁率72%。品质中上等。河北怀来地区9月下旬成熟，极丰产，耐储藏，不仅是鲜食的佳品，还是酿酒的优良品种。

（10）玫瑰香 欧亚种，原产于英国，于1900年前后引入我国。果穗中等大，平均穗重402.5g，果粒椭圆形，平均粒重5g，最大8.15g，深紫红色，味甜，有浓郁的玫瑰香味，可溶性固形物含量15.7%～19.6%，含酸量0.37%～0.5%，丰产，可以二次、三次结果，品质极上，为河北、辽宁、京津的主栽品种，河北9月上中旬成熟。

（11）醉金香 别名：茉莉香，欧美杂交种，四倍体。由辽宁农业科学院园艺研究所以沈阳玫瑰为母本、巨峰为父本杂交选育而成。果穗圆锥形，大穗，中度紧密，平均穗重800g。果粒近圆形，平均粒重11.6g，果皮黄绿色，汁多，肉软，可溶性固形物含量16% ~ 18%，含可滴定酸0.6%。具有浓郁的茉莉香味，适口性好，品质上等，具有优质、抗病、高产、稳产等特点。沈阳地区8月中旬成熟。

（12）美人指 欧亚种，为日本植原葡萄研究所育成。果穗圆锥形，无副穗，平均穗重580g，最大1750g；平均粒重10 ~ 12g，最大20g。果粒长尖椭圆形，尖端呈紫红色，近根部呈黄色至浅粉红色，皮薄而韧，不易裂果。可溶性固形物含量16% ~ 19%，含酸量0.45%。抗病性较弱，枝条成熟较晚。华北地区9月中下旬成熟，果实耐储运。

（13）牛奶 欧亚种，原产于我国。果穗长圆锥形，平均重350g以上，最大穗重可达1400g。果粒大，长圆形，果粒平均重6.0g，果皮黄绿色，果皮薄，含糖量15%左右，含酸量0.5%，抗性弱。河北怀来地区9月下旬成熟。

（14）无核白 欧亚种，原产于中亚细亚，是世界上最古老的主要制干品种。果穗中等大，平均穗重210 ~ 360g，最大穗重1000g，长圆锥形或歧肩圆锥，中等紧密。果粒中等大，平均粒重1.4 ~ 1.8g，椭圆形，黄绿色；果皮薄，肉脆，汁少，可溶性固形物含量21% ~ 24%，含酸量0.4% ~ 0.8%，味酸甜。制干率23% ~ 25%，品质上等。在新疆吐鲁番地区8月下旬成熟，抗病性弱，是优良的鲜食兼制干品种，也是加工糖水葡萄罐头的良种。

（15）维多利亚 由罗马尼亚德哥沙尼葡萄试验站由绯红×保尔加尔杂交育成。果穗大，圆锥形或圆柱形，平均穗重630g，果穗稍长，果粒着生中等紧密。果粒大，长椭圆形，粒形美观，无裂果，平均果粒重9.5g，平均横径2.31cm，纵径3.20cm，最大果粒重15g；果皮黄绿色，果皮中等厚；果肉硬而脆，味甘甜爽口，品质佳，可溶性固形物含量16.0%，含酸量0.37%；果肉与种子易分离，每果粒含种子以2粒居多。河北昌黎地区8月上旬果实充分成熟。抗灰霉病能力强，抗霜霉病和白腐病能力中等。果实成熟后不易脱粒，较耐运输。

（16）克瑞森无核 欧亚种，为美国培育的晚熟无核葡萄品种。果穗中等大，圆锥形有歧肩，平均穗重500g，最大穗重1500g，穗轴中等粗细。果粒亮红色，充分成熟时为紫红色，上有较厚的白色果霜，果粒椭圆形，平均粒重4g，横径1.66cm，纵径2.08cm，果梗长度中等；果肉浅黄色，半透明肉质，果肉较硬，果皮中等厚，不易与果肉分离，果味甜，可溶性固形物含量19%，含酸量0.6%，糖酸比大于20∶1，采前不裂果，采后不落粒，品质极佳。生长旺盛，易成花，植株进入丰产期稍晚。抗病性稍强，易感染白腐病。在北京地区9月上旬成熟，果实耐储运。

2. 主要加工品种

（1）白色酿造品种 霞多丽（白葡萄酒、香槟酒、白兰地）；白比诺（白葡萄酒、香槟酒、白兰地）；意斯林；雷司令（干白）；小白玫瑰（玫瑰香型白葡萄酒）；白羽（白葡萄酒、香槟酒）；白诗南（干白、甜白、起泡葡萄酒的优良品种）；红玫瑰（果实浅玫瑰红色，是优质白兰地和白葡萄酒的优良品种）等。

（2）红色酿造品种 黑比诺（紫黑色，干红、干白、起泡）；赤霞珠（高档干红）；法国蓝（干红、甜红）；佳丽酿（红、白葡萄酒）；西拉（干红）；双优（吉林农业大学选出的山葡萄类红葡萄酒的优良品种）。

（3）制汁品种 汁多糖高、有香味，果汁易澄清，不变味。如康克、康拜尔。

（4）制干品种 含糖量高，含酸量低，肉质硬脆，无核或少籽，如无核白、长无核白、无核紫、京早晶、琐琐葡萄等。

⊙▶ **【提示】** 葡萄新品种与好品种
　　葡萄品种的选择要根据适地适栽的原则，在我国葡萄生态适宜栽培区，选择最适合当地栽培的优良品种，不可盲目追求新品种，新品种不一定都是好品种。

—第三章—
优质葡萄苗的培育

葡萄苗木质量的好坏，直接影响葡萄栽植的成活、植株的长势、结果的早晚、产量的高低及果实的品质。因此，培育优质的苗木对于葡萄生产有着重要的意义。

第一节 扦插苗的培育

葡萄枝条生根能力强，因而在生产中常采用扦插育苗繁殖。根据扦插枝条的木质化程度的不同，可将扦插育苗分为硬枝扦插和绿枝扦插两种。

一 硬枝扦插

硬枝扦插是指利用成熟的一年生枝进行扦插育苗的方法。其育苗流程如下（图3-1）。

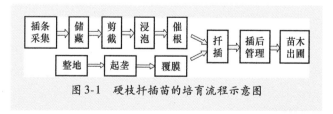

图3-1 硬枝扦插苗的培育流程示意图

1. 插条的采集与储藏

硬枝扦插使用的插条在休眠期采集，一般结合冬季修剪进行，最迟应在春季伤流前半个月进行。在生长健壮、结果良好的植株上，选择生长健壮、充分成熟、芽眼饱满、无病虫危害的一年生枝。采集的插条每根按 50 ~ 60cm（5 ~ 6 个芽）剪截，按品种、粗度分别以 50 ~ 100 根捆成一捆，然后挂上标签，标明品种、数量、采集日期、地点等（图 3-2）。

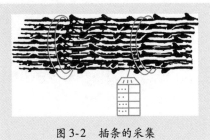

图 3-2　插条的采集

插条采集后，为了减少水分的散失，保证插条质量，应尽快进行储藏。储藏方法有沟藏和窖藏两种，我国北方一般多采用沟藏。即选择地势较高、排水良好、向阳背风的地方开沟，沟宽 80 ~ 120cm，深 80 ~ 100cm，长度视插条数量而定。储藏时，先在沟底铺 5 ~ 10cm 厚的湿润河沙，把成捆的插条竖立或平放在沙上，在插条之间填满湿沙，再在插条上面盖 30 ~ 40cm 的湿沙或细土。沙的湿度以手握成团、一触即散为宜。最上面盖 20 ~ 40cm（寒冷地区适当盖厚）的土或草帘防寒。储藏大量插条时，为了使储藏沟适当通气，可在沟中每隔 3 ~ 5m 插入一个草把（图 3-3）。

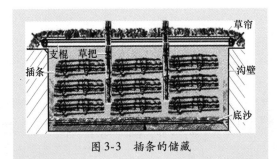

图 3-3　插条的储藏

2. 插条的剪截

春季从储藏沟中取出插条，在清水中浸泡一昼夜后，选择皮色新鲜、芽眼完好的枝条，按 15 ~ 20cm（2 ~ 3 芽）剪截，上端剪口距芽眼 1 ~ 2cm 处平剪，下端剪成马耳形斜面。剪口要平整光滑，以利愈合。剪好的插条顶端向上，每 50 ~ 100 根扎成一捆，准备催根或扦插（图 3-4）。

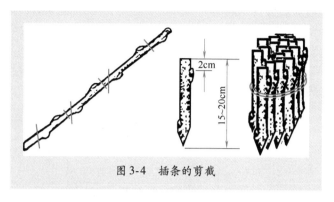

图 3-4　插条的剪截

3. 生根剂处理

常用的生根剂有萘乙酸（NAA）、吲哚乙酸（IAA）、吲哚丁酸（IBA）、ABT 生根粉等，其使用方法有两种：一是高浓度速蘸；另一种为低浓度长时间浸泡，但注意浸蘸的部位为插条基部，不能使最上端芽眼蘸到药剂，否则会影响萌芽（图 3-5）。

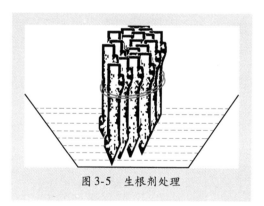

图 3-5　生根剂处理

4. 催根

葡萄萌芽和生根要求的温度差异很大，在春季露地扦插时，往往先萌芽，后生根。萌发的嫩芽常因水分、养分供应不上而枯萎，降低扦插成活率。因此，在生产上常用人工催根的方法促使插条早生根，提高扦插成活率。进行催根的时间是扦插前20～25天。生产中应用的方法有以下几种：电热温床催根、火炕催根、冷床催根和药剂催根等，其中以药剂催根与电热温床催根结合使用效果最好。

铺设电热温床时，在电热线下方铺设厚度为5～10cm的苯板或稻草帘，以减少向下散热。苯板上铺设5cm厚的湿沙后整平，上面布设电热线（图3-6）。

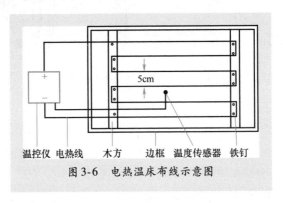

图 3-6　电热温床布线示意图

布好电热线后，在电热线之上铺一层湿沙或锯末，厚度为3～5cm，将浸蘸过药剂的插条下端向下，成捆直立放置于电热温床上，捆间用湿沙或锯末填充，顶芽外露（图3-7）。插条基部温度保持在25～28℃，气温控制在10℃以下。为保持湿度要经常喷水。这样可使愈伤组织迅速形成，而芽则受气温的限制延缓萌发。这样经过15～20天，插条便可产生愈伤组织并开始生根（彩图24）。

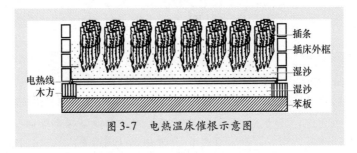

图 3-7　电热温床催根示意图

> ⟳ 【提示】　　　　电热温床使用注意事项
>
> 1. 确保电热线无损坏，防止发生安全事故。
>
> 2. 电热温床上除了放温控仪所带的温度传感器外，还应在不同部位多放几个温度计，以便随时监测温床温度，防止温度过高或过低，影响生根。

5. 整地覆膜

葡萄育苗应选择地势平坦、土壤肥沃、无病虫害的沙质壤土，且具备灌溉条件，交通方便。早春整地前每亩施腐熟的有机肥 $3\sim4m^3$，均匀撒施于地表，并配合施入复合肥，之后用拖拉机进行旋耕，使土壤细碎，然后备垄或作畦。在我国北方地区，扦插的方法多为垄插。垄

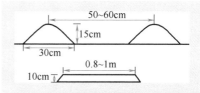

图 3-8　用于扦插的垄和畦示意图

插时垄宽约 30cm，高 15cm，垄距 50～60cm（图 3-8）；畦插时畦宽 0.8～1m，高 10cm，株距 12～15cm。在扦插前 3～5 天覆盖黑色地膜。覆膜可提高地温，减少水分蒸发，还可起到防草的作用。对苗木的生长发育，提高苗木质量有积极的意义。

6. 扦插

葡萄露地扦插的时期，以土温（15～25cm 处）稳定在 10℃ 以上时进行最为适宜。扦插前要在膜上按照株距要求打孔（图 3-9）。可用竹签、木棍或简易打孔器（图 3-10）打孔，打孔时与地面呈

图 3-9　扦插前扎孔

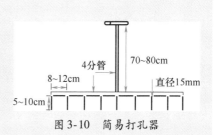

图 3-10　简易打孔器

45°~75°角穿透地膜，插入深度以略短于插条为宜，然后把插条插入洞内，使最上端一个芽眼与地膜平齐或稍高于地膜（图3-11）。插后灌透水，使插条与土壤密切接触。

图3-11　扦插

7. 扦插后管理

(1) 灌水　发芽前要保持一定的温度和湿度。土壤缺墒时应适当灌水。但不宜频繁灌溉，以免降低地温，通气不良，影响生根。

(2) 抹芽　发芽后一般只保留1个新梢，其余及时抹去。

(3) 追肥　当新梢长度达10cm以上时，要加强苗木生长前期的肥水管理，追施速效性氮肥1~2次。第一次在5月下旬至6月上旬，每亩施入尿素10~15kg。第二次在7月下旬，每亩施入复合肥15kg。立秋以后加强叶面喷肥，促进健壮生长。

(4) 绑梢摘心　葡萄扦插育苗时，为了培育壮苗和繁殖接穗，每株应插立1根1.5~2m长的细竹竿，或设立支柱，适时绑梢，牵引苗木直立生长。如果不生产接穗，新梢长到80~100cm进行摘心，使其充实，提高苗木质量。

(5) 病虫害防治　注意防治病虫，促进幼苗健壮生长。

二　绿枝扦插

葡萄绿枝扦插在生长季进行，为提高成活率，保证当年形成一段发育充实的枝条，扦插时间尽量要早，一般在6月底以前进行。

1. 制作插床

绿枝扦插宜用河沙、蛭石等通透性能好的材料作基质。苗床深20~30cm，也可在地面用砖砌成，床底部不能存水，以防新梢基部腐烂。床内铺15cm厚的粗沙，并用甲醛消毒，插床上安装迷雾设备或扣塑料膜并遮阳。

2. 插条的采集与处理

在生长季结合夏季修剪，利用粗度在0.5cm以上的半木质化新

46

梢育苗。选生长健壮的植株，于早晨或阴天采集半木质化的枝条，以副梢尚未萌发或刚萌发的新梢为好，随采随用。将采下的嫩枝剪成长 15~20cm 的枝段。上剪口于芽上 1cm 左右处平剪；下剪口稍斜或剪平。为减少蒸腾耗水，应除去插条的部分叶片，仅留上端 1~2 片叶（大叶型可将叶片剪去 1/2），以便光合作用的进行，制造养分和生长素，保证生根、发芽和生长使用。插条下端可用 β-吲哚丁酸（IBA）、β-吲哚乙酸（IAA）、ABT 生根粉等激素处理，速蘸插条基部 5~7s，取出后用清水稍冲洗附在表面的药剂，立即扦插。

3. 扦插

将用药剂处理过的插条按 10cm×15cm 的株、行距插入整好的苗床内，留顶芽在外。应适当密插，有利于保持苗床的小气候。采用直插，宜浅不宜深（插入部分约为穗长的 1/3）。插后要灌足水，使插条和基质充分接触。扣上塑料膜并进行遮阳（图 3-12）。

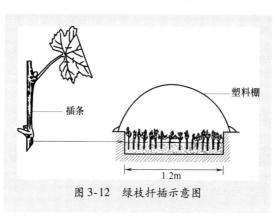

图 3-12　绿枝扦插示意图

4. 扦插后管理

绿枝扦插必须搭建遮阴设施，避免强光直射。扦插后注意光照和湿度的控制，勤喷水或浇水，使空气湿度达到饱和，勿使叶片萎蔫。生根后逐渐增加光照，温度过高时喷水降温，湿度过高时及时排除多余水分。有条件者利用全光照自动间歇喷雾设备，效果更佳。

第二节　嫁接苗的培育

嫁接育苗是葡萄苗木繁殖的主要方法之一，从生产实践来看，嫁接苗在抗病虫、抗寒、耐涝、抗旱等方面均比自根苗有很大的优势，越来越受到生产者的青睐。国外利用嫁接苗进行抗根瘤蚜、抗线虫、抗石灰质栽培等，我国东北地区利用山葡萄、贝达进行抗寒栽培等，均起到了很好的效果。

一　绿枝嫁接

1. 砧木的培育

（1）当年砧　当年砧是当年春天播种或扦插培养的砧木苗。目前葡萄主要采用扦插培养砧木，其扦插方法与前述扦插苗的培育方法相同。使用当年砧苗嫁接，必须早插，并加强土、肥、水管理，使在嫁接前距地表 15cm 以上的茎粗达 0.5cm 以上。

（2）坐地砧　坐地砧是经过 1 年培育的越冬实生或扦插苗。葡萄主要采用扦插苗，由于根系已经过一年生长，在土层中分布较深广，占据营养面积较大，当年春萌发早，生长势强。一般在越冬前在基部剪留 1～2 个芽眼，春天萌发后选留 1 个生长健壮新梢，其余抹掉。坐地砧生长快，可提前嫁接，能培养成壮苗和大苗。

（3）移植砧　移植砧是头 1 年培育的 1 年生实生或扦插砧木苗，于秋天起苗经冬季储藏或第二年春起苗，移植到嫁接区继续培养。移植前上部枝条剪留基部 2～3 个芽眼，下部侧根剪留长度 10～15cm，经清水浸泡 8～12h 后栽植；或嫁接以后栽植，或者萌发之后选留 1 个健壮新梢，待 5 月嫁接。

2. 接穗的准备

（1）品种的选择　选择品种一是要按照葡萄品种区域化的要求；二是根据市场对品种的需求；三是根据购苗者的栽培习惯。即选择适应当地自然、气候条件，市场走俏、卖价较高，群众有认识、能掌握其栽培技术的丰产、优质、抗性较强的优良品种作接穗。

（2）接穗的采集　绿枝嫁接用的接穗，从品种纯正、生长健壮、无病虫危害的母树上采集，可与夏季修剪、摘心、除副梢等工作结合进行。要求采用半木质化新梢或副梢，剪下后立即剪去叶片，保留1cm长的叶柄，放入盛有少量水的桶内或用湿布包好。最好在圃地附近采集，随采随用，成活率高。如从外地采集，注意保湿、降温，剪下的枝条用湿布包好后，外边再包一层塑料薄膜，并尽快运到嫁接地点，尽量做到当天采的接穗，当天嫁接完。若当天用不完，应用毛巾将接穗包好，放在低温（3~5℃）处或湿河沙中保存。

3. 嫁接

(1) 嫁接时间 当砧木和接穗均达半木质化时，即可开始嫁接，可一直嫁接到成活苗木新梢在秋季能够成熟为止。山东地区一般在5月下旬到7月底，东北地区从5月下旬到6月中旬，如在设施条件下，嫁接时间可以更长。

(2) 嫁接方法 目前育苗生产中绿枝嫁接主要用劈接法。选半木质化的枝条作接穗，芽眼最好用刚萌发而未吐叶的夏芽，嫁接后成活率高，生长快。如夏芽已长出3~4片叶，则去掉副梢，利用冬芽。冬芽萌发略慢，但萌发后生长快而粗壮。砧、穗枝条的粗度和成熟度一致时，嫁接成活率高。

嫁接时砧木距地面15~20cm处剪断，留下叶片，抹除所有芽眼生长点，用刀在断面中心垂直劈下，切口深度2.5~3cm。选与砧木粗度和成熟度相近的接穗，在芽上方1~2cm和芽下方3~4cm处剪下，全长为4~6cm的穗段，再用刀从芽下两侧削成长2~3cm的对称楔形削面，削面一刀削成，要求平滑，倾斜角度小而匀。然后将削好的接穗轻轻插入砧木的切口中，使接穗削面基部稍露出砧木外2~3mm（俗称"露白"，利于产生愈伤组织），对齐砧、穗一侧形成层，然后用1cm宽的塑料薄膜，从砧木接口下边向上缠绕，只将接芽露在外边，一直缠到接穗的上剪口，封严后再缠回下边打结扣即可（图3-13，彩图25）。

4. 嫁接后管理

(1) 土肥水管理 苗木生长过程中每时每刻都要蒸腾水分，土壤也要向空间蒸发水分，所以要根据土壤干、湿情况及时浇水，保持土壤湿润。首先，嫁接后应立即灌水，最晚灌水时间不过夜，以保持嫁接苗具有较高的根压，有利于根系吸收水分和养分。遇到阴

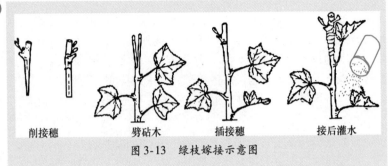

| 削接穗 | 劈砧木 | 插接穗 | 接后灌水 |

图 3-13　绿枝嫁接示意图

雨连绵或大雨天气，应及时排水。下雨、灌水后要松土除草，久旱也需松土，可切断土壤毛细管，以利保水，防止杂草生长。发现苗木生长衰弱，可通过滴灌系统或叶面喷肥的方法进行补充施肥。可在新梢长到20cm以上时追施氮肥，后期追施磷、钾肥。立秋以后为了防止苗木贪青徒长，促进苗木枝条木质化，应控制灌水。

（2）**苗木管理**　嫁接后砧木上极易萌发萌蘖和副梢，消耗苗木营养，影响接芽萌发和生长，必须及时反复摘除砧木的萌蘖和副梢（彩图26），以集中营养供给接芽萌发和新梢生长。这一工作可连续作业5～6次，一般要持续到苗木绑梢上架以后。有时接穗的芽眼能同时萌发出2个或更多新梢（夏芽副梢和冬芽副梢），要选留1个强壮的新梢，多余新梢及时抹除。当嫁接新梢成活后迅速加粗生长时，要及时解除接口绑扎物。新梢长到30cm以上时，要及时立竿引缚，防止风折和碰断；以后要随着幼苗生长进行多次引缚。

架材由立杆和线绳两部分组成。应就地取材，通常采用竹木作架杆，细铁线、尼龙绳、塑料绳等作横线。绑缚材料可因地制宜，稻草、玉米皮等泡湿后都可使用。绑蔓机是绑葡萄枝蔓的良好设备（图3-14），可以提高绑梢工效3～5倍，日本及我国台湾已经广泛使

图 3-14　葡萄绑蔓机

50

用，大陆也开始引进。嫁接后，为使葡萄苗木新梢在早霜来临前充分木质化，至少要保证苗木基部有 4 个以上成熟饱满芽，应适时对苗木进行摘心。无霜期短的地区、新梢不易木质化的品种及苗梢枝芽没有再利用价值的苗木，应早摘心；相反，可晚摘心。摘心后苗木下部发出的副梢，应从基部抹除；苗木中部发出的副梢，留一片叶"绝后摘心"；苗木顶端副梢，留 2~3 片叶反复摘心。

（3）病虫害防治 南方在 4 月中、下旬，北方在 7 月中旬开始要经常喷布 200 倍石灰半量式波尔多液（硫酸铜：生石灰：水 = 1:0.5:200）等药剂，预防黑痘病、炭疽病、霜霉病等真菌性病害。发病后立即选择相应的药物进行对症治疗。

二 硬枝嫁接

1. 砧木的培育和接穗准备

硬枝嫁接用的砧木可以是一年生或多年生的砧木枝条，也可以是一年生或多年生的砧木苗。砧木苗的培育方法同扦插苗相同。利用枝条作砧木时，嫁接后需要对嫁接口进行愈合处理并对砧木枝条进行催根处理，催根处理方法与扦插苗相同。利用砧木苗作砧木时只需对嫁接口进行愈合处理即可。嫁接口的愈合处理是在愈合箱中进行，即将嫁接好的植株置于愈合箱中，接穗上部芽眼外露，嫁接口周围填充锯末、河沙、蛭石等基质，控制温度在 25~28℃，湿度 80%~90% 情况下，经过 10~15 天形成愈伤组织，愈伤组织形成后温度降到 15℃ 左右，并使芽逐渐见光进行适应性锻炼。

硬枝嫁接用的接穗一般结合冬剪采集，可在母本园或生产园冬剪时，修剪一个品种，收集一个品种，以免品种混杂。采集时选择充分成熟、芽眼饱满、无病虫危害的一年生枝条，按枝条长短、粗细分类，每 50、100、200 条捆扎整齐，挂上标签，标明品种、数量、产地等。然后送至阴凉处培上湿沙或覆盖草帘浇水预储，待气温降至 6~8℃ 以下时入窖埋藏。

2. 嫁接时期和方法

硬枝嫁接一般在早春葡萄伤流之前或砧木萌芽之后进行。嫁接的主要方法：室外可采用劈接，室内可采用劈接或舌接。田间劈接的砧木，在离地表 10~15cm 处剪截，在横切面中心线垂直劈下，深达 2~3cm。接穗取 1~2 个饱满芽，在顶部芽以上 2cm 和下部芽以下 3~4cm 处截取，在芽两侧分别向中心切削成 2~3cm 的长削面，削面务必平滑，呈楔形，随即插入砧木劈口，对准一侧的形成层，并用塑料薄膜带将嫁接口和接穗包扎严实，并露出芽眼（图3-15）。

3. 嫁接后管理

通过愈合和催根处理的接条，可直接在苗圃进行扦插或移栽育苗。移入苗圃地后的田

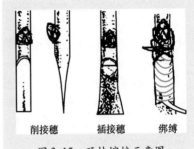

削接穗　　插接穗　　绑缚

图 3-15　硬枝嫁接示意图

间管理内容包括土、肥、水管理和嫁接植株的抹芽、除萌、搭架、绑梢、解除嫁接口包扎物、新梢摘心、副梢处理、病虫害防治等，其方法可参考绿枝嫁接苗的管理技术。

【知识窗】　　　葡萄常用砧木及特点

（1）山葡萄　最抗寒，抗黑痘病、白腐病、白粉病，但不抗霜霉病、炭疽病、褐斑病，不抗根瘤蚜、线虫，不耐涝。扦插不易生根，与生产中主栽品种嫁接成活率不高。

（2）贝达　扦插易生根，嫁接亲和力强，成活率高。抗旱、抗湿、抗根癌。抗寒，为寒冷地区比较理想的抗寒砧木。也是西北及南方地区的通用砧木。

（3）SO$_4$　抗根瘤蚜、根结线虫、根癌病，抗湿、抗盐性好，基本可杜绝葡萄叶片黄化症。易生根，长势旺，适宜作中庸偏弱品种的砧木。抗寒性较强，沈阳越冬需简单防寒。

（4）5BB　极抗根瘤蚜，抗根结线虫，耐旱和耐石灰质土壤能力强。扦插易生根，根系细且分布浅。嫁接亲和力好，在上海等南方地区表现很好。

（5）华佳8号　抗病性特强，耐高温和潮湿，扦插易生根。

第三节　容器育苗技术

容器育苗是指利用塑料袋、纸袋、塑料杯、营养钵、木制容器（图 3-16）等容器进行育苗。同时为了缩短育苗周期，常利用温室、大棚等保护设施，提早将插条扦插在容器内，提前生根发芽，待露地霜冻过后，气温较高时定植田间。容器育苗苗期短，在生长季随时可定植，定植时不损伤根系，无须缓苗，成活率高，苗木长势好。

图 3-16　育苗容器

一　营养土的配制

营养土一般用肥沃壤土、粪肥、通气介质（如草炭土、细炉渣、珍珠岩、河沙等）配制，比例为壤土 1 份，粪肥 0.5 份，通气介质 1 份。也有的用园土 4 份加蛭石或粗沙 1 份配制，再加入 5% 的腐熟鸡粪或饼肥。切忌使用未经腐熟的有机肥料，以免烧根。

二　作畦

在温室或大棚内做宽 1～1.2m，长 5～6m 的低畦，畦埂高 15～20cm（图 3-17），为管理方便，两畦之间留有 40～50cm 的小路，畦面要踏实整平。

三　容器装土与摆放

将配制好的营养土装入容器。容器的大小可根据定植时间的早晚来确定，如在苗高 20cm 以下时定植，可选高 15cm 左右，直径 8～

第三章　优质葡萄苗的培育

53

15~20cm

100~120cm

图 3-17　低畦

10cm 的容器；如果在苗高 30cm 左右时定植，可选高 20~22cm，直径 15~18cm 的容器，容器底部要求有孔，以利透气和排水。将装好土的容器整齐而紧密地摆放在低畦中（图 3-18）。

四　扦插

将已催出愈伤组织的插条插入容器中，顶芽露出土面。已长出较长幼根的插条，可先将插条放入容器中再装营养土，以免损害幼根。当一畦摆满后立即浇透水，也可将低畦灌满水，使水从容器底部的小孔渗入，直到容器内的营养土全部湿透为止。为了保温、保湿，也可以在畦面上扣小塑料拱棚（图 3-19）。

图 3-18　容器摆放

图 3-19　容器扦插育苗

五　管理

扦插后的管理主要是按时浇水，保持容器内土壤的湿度。扣有小塑料拱棚的，可在插条长出 3~4 片叶时揭去拱棚。在幼苗生长过程中要注意及时除草，防治病虫害。待苗木新梢长出 5~6 片叶、露地土温达到 10℃ 以上时即可定植。定植时将苗从容器中取出，采用深栽浅埋的办法将苗带土坨直接定植于大田，并立即浇水。

第四节　脱毒苗的培育

　　葡萄病毒病是影响葡萄产量和品质的一类重要病害，因此，在葡萄建园时，应尽量选择脱毒苗栽植。葡萄苗木的脱毒方法，简要介绍如下，供参考。

一　脱毒苗繁育体系

1. 建立无病毒母本园

　　母本园包括品种采穗圃、无性系砧木繁育圃和砧木采种园。母本园周围 2km 以内无人工栽培葡萄及野生葡萄分布，最好栽植在有防虫网设备的网室内，以防媒介昆虫带毒传染。母本树应建立档案，定期进行病毒检测。

2. 完善繁育手续

　　繁殖无病毒苗木的单位或个人，必须填写申报表，经省级主管部门核准认定，并颁发无病毒苗木生产许可证。使用的种子、无性系砧木繁殖材料和接穗，必须采自无病毒母本园，并附有无病毒母本园合格证。育成的苗木须经植物检疫机构检验，合格后签发无病毒苗木产地检疫合格证，并发给无病毒苗木标签，此时方可按无病毒苗木出售。

3. 规范繁育技术

　　繁殖无病毒苗木的苗圃地，要选择地势平坦、土壤疏松、有灌溉条件的地块，同时也应远离同一树种 2km 以上，远离病毒寄主植物。苗木的嫁接过程，必须在专业技术人员的监督指导下进行，嫁

第三章　优质葡萄苗的培育

55

接工具要专管专用。葡萄无病毒苗木繁育体系模式如下（图3-20）。

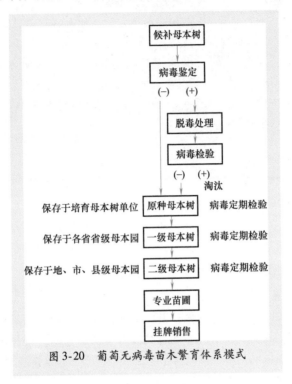

图 3-20　葡萄无病毒苗木繁育体系模式

二　脱毒苗培育方法

1. 热处理脱毒

热处理一般选生长旺盛、有发达根系的盆栽苗木，经越冬后置于热处理箱内进行处理，箱内温度和湿度能自控，放置温室中，利用温室的阳光，使处理的葡萄植株能正常生活。在38℃±1℃的温度条件下，处理2~3个月后，剪取长0.5~1mm或更短的材料进行组织培养，便可获得无病毒苗木。

各种病毒脱毒的温度和时间长短有一定差异。近年来，为了减轻热处理对苗木的损伤，将恒温改成变温（35~40℃）处理，也可以脱除某些病毒，如白天39~40℃，夜间35~36℃，经3个月可脱除无味果病毒。

2. 茎尖培养脱毒

采用生物技术即茎尖培养方法，可脱除某些病毒。实践证明，单用热处理和茎尖培养脱毒，均难脱除卷叶病、茎痘病和栓皮病等病毒，如两种方法结合应用，可提高脱毒效果，获得较可靠的无毒苗。

植株经过热处理后，切下 2~3cm 长的葡萄顶芽和侧芽，剪去叶片，经无菌化处理后，取 0.5mm 茎尖接种于盛有分化培养基的试管或三角瓶中，每管（瓶）接种 1 个茎尖，在 24~29℃，2000lx 光照下培养，6 周后进行转接，取 5mm 长的幼芽在 150mL 的三角瓶中继代培养成苗。经过继代和生根培养基，培养 6 个月后即得大量试管苗。

3. 病毒检测

经过热处理结合茎尖培养获得的组培苗要经过病毒检测，证明已经脱毒，才能按无毒苗繁殖使用。检测病毒现采用以下两种方法：

（1）指示植物检测法 使用的木本指示植物有沙地葡萄乔治、品丽珠、赤霞珠、LN-33、蜜笋、河岸葡萄、马塔洛，Richter 110，Kober、巴柯 22-A，黑品诺、佳美、皇帝、佳利酿等。这些指示植物能检测全球发生的各种重要病毒和不同的株系。绿枝嫁接是目前常采用的方法，一般在温室进行。在露地检测，需要的时间则较长。经过两个生长季节的重复检测后才能确定为无病毒植株。一些需要很长时间才表现症状的病害，如茎痘病、栓皮病，露地嫁接观察也是需要的。

（2）酶联免疫吸附检测法 酶联免疫吸附法简称 ELISA，是利用血清技术快速检测病毒的一种方法。该法灵敏、快速，且无须很复杂的设备条件就能大量做检测，因此，是目前世界各国普遍采用的一种方法。酶联法有两种，即直接酶联和间接酶联，前者提出较早，是抗体和抗原直接结合，最后微型板是否呈现黄色反应而确定是否带毒；后来演变有间接酶联，即抗体和抗原不直接结合而是间接结合的。

第五节　苗木的出圃与储藏

葡萄扦插苗一般当年即可出圃。当年扦插的砧木苗，在培育条件好的情况下，夏季进行绿枝嫁接，秋末即可成苗出圃。

一 苗木的出圃

1. 出圃前准备

(1) 苗木调查 秋季在苗木没有落叶前，首先由实践经验丰富的人员对品种进行逐行严格检查，发现杂苗和病株立即从基部剪掉、挖出或挂牌标记。其次，对品种及数量进行调查，统计出各品种苗木数量，并绘制出品种和数量分布图，防止起苗时品种混杂。

(2) 出圃计划 起苗前，应制订起苗计划。根据劳动力资源、有无机械设备、苗木数量等决定起苗时间长短，合理安排时间与资金。同时要准备好起苗所用的起苗机械、包装材料、苗木临时假植沟、选苗棚、储藏窖等。

(3) 圃地浇水 当秋季干旱无雨、土壤严重板结时，在起苗前1周左右应灌一次透水以疏松土壤，既能提高起苗工作效率，又能保持苗木根系完整。

(4) 苗木修剪及清圃 起苗前先将苗茎剪留3～4个饱满芽，并在每行第一株开头处系上品种标签。然后，把剪下的枝条按品种收集整理，清扫圃地，把枯枝、落叶、杂草清出圃地，以减少病、虫危害基数，同时为起苗清除障碍。

2. 起苗

(1) 起苗时间与方法 葡萄苗木多在秋季起苗，北方地区一般在落叶至土壤封冻前进行，即10月下旬到11月中旬，南方在落叶后进行。要求苗圃土壤湿润，土壤不板结，以防止断根和劈裂。起苗方法有人工起苗和机械起苗两种。

(2) 起苗 人工起苗时要注意尽量保护根系，使其少受损伤。苗子刨出后要剪去浮根，粗根上的伤口要剪平，以利愈合。离土的苗根经不起风吹日晒，需立即进行就地培土浮埋。人工起苗用工量大，效率低，根系长短不齐，而且常常导致根系损伤，降低苗木标准，有条件的苗圃应采用机械起苗。机械起苗前应人工起出机械作业道，即先人工起苗2～3垄（1.2～1.8m宽），使机械能够正常通过而不压苗；对机械不能达到的地头也应人工起苗，满足车辆转弯的需求；影响机械田间作业的渠、埂等应铲平以利于机械通过与起苗。机械起苗时犁刀深入土壤 25～30cm，与地面平行向前切削、疏松土层和苗根，然后人工拔出苗木，并立即放入临时假植沟将根系埋土，以防苗木失水造成苗根干枯。

3. 苗木分级

苗木分级能够保证苗木质量，提高栽植成活率。首先，挑出有病虫害的不合格苗，并对起出的苗木进行整修，剪除砧木上的枯桩、细弱萌蘖，破裂根系，过长侧根及未成熟枝芽。然后，根据苗木质量标准（表3-1），将苗木分成一、二、三级，不合格苗木不得流入市场销售，需继续培养。

表 3-1　葡萄嫁接苗质量指标

项　　目			级　　别		
			一　级	二　级	三　级
	品种与砧木类型			纯正	
根系	侧根数量		5 条以上	4 条	4 条
	侧根粗度		0.4mm 以上	0.3～0.4mm	0.2～0.3mm
	侧根长度			20cm 以上	
	侧根分布			均匀、舒展	
	成熟度			充分成熟	
枝干	枝干高度			50cm 以下	
	接口高度			20cm 以上	
	粗度	硬枝嫁接	0.8cm 以上	0.6～0.8cm	0.5～0.6cm
		绿枝嫁接	0.6cm 以上	0.5～0.6cm	0.4～0.5cm
	嫁接愈合程度			愈合良好	
	根皮与枝皮			无新损伤	
	接穗品种饱满芽		5 个以上	4 个以上	3 个以上
	砧木萌蘖处理			完全清除	
	病虫危害情况			无明显严重危害	

苗木分级后将相同等级的苗木每 10 株或 20 株绑成一捆（彩图 27），并挂牌标示。捆扎时应注意将嫁接口对齐，每株苗按照顺序

捆扎，每捆苗木都在嫁接口以下砧木部位和嫁接口以上接穗部位各绑一道。捆绑材料最好选用不易腐烂的多种色彩的撕裂膜，同一品种用同一颜色的绳膜捆扎，以免在储藏、出库、装车、运输、出售及栽植中造成品种混杂。

⊙【提示】　　　　　苗木分级注意事项

1. 分级需要具备一定的遮阴保湿条件，以保障苗木质量及利于工人操作。

2. 苗木质量要求品种纯正。

3. 苗木质量要求无严重病虫害和机械损伤。

4. 嫁接苗接合部要愈合良好。

二　苗木的储藏与运输

1. 苗木检疫与消毒

苗木检疫是防止病虫传播的有效措施。中国各地均已成立了检疫机构。苗木在包装或运输前应经国家检疫机关或指定的专业人员检疫，发给检疫证方能外运。严禁引种带有检疫对象的苗木、插条和接穗。检疫对象有葡萄根瘤蚜、美国白蛾。此外，各地已发现的病毒病亦应引起高度重视。

苗木在出圃时要进行消毒，以防止病虫害的传播。在国外，需将苗木整体在 50～55℃ 热水中浸 3～5min 进行消毒。先将一定数量苗木摆放在专用大铁笼子内，通过吊车提起铁笼放到固定的热水池内浸泡，达到要求时间后再由吊车提出，再放到常温清水池内冲洗及降温，整个过程需机械化操作。目前，我国葡萄苗木消毒这个过程往往被忽略，应在栽植前结合苗木浸泡过程施药消毒。可用 3～5 波美度石硫合剂喷洒或浸枝条 10～20min，然后用水洗 1～2 次，或用 1:1:100 波尔多液浸枝条 10～20min，再用清水冲洗。

2. 苗木假植

苗木出圃后如不能及时储藏或外运，要进行短期假植。选避风背阳、不积水的地方挖沟假植，假植沟深约 30cm，长、宽视苗木数量而定，将苗木根部放入假植沟，根部用湿河沙或细土培严，防止风干。存放期间要勤检查，以防湿度过大使根部霉烂，或沙、土过干而致苗木脱水死亡。严寒天气还需采取防冻措施。

图 3-21 苗木储藏

3. 苗木储藏

我国葡萄苗木冬季储藏方法一般是利用河沙直接埋藏于窖和库房内，苗木码垛，一般根对根，一层苗一层沙，垛高不超过2m，垛间留出通气间距0.3～0.5m，这种储藏方法投资少，易行。也可采用沟藏法（图3-21），其储藏方法和插条的储藏方法相同（图3-22）。

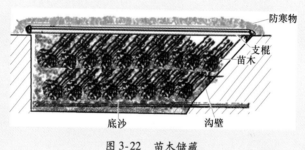

图 3-22 苗木储藏

国外如欧洲国家是先将苗木放入衬有保湿塑料袋的储藏箱内，每箱可放0.5万株或1.0万株不等，然后通过机器将储藏箱码放在恒温恒湿的储藏库内，每箱上标明品种、砧木及数量等，拿取非常方便。

无论采用何种储藏方法，都要满足鲜活苗木最适生存条件，如对温度、湿度和氧气的要求。储藏温度最好控制在0～4℃，秋天尽量延迟起苗，推迟苗木入窖时间，以减少苗木将田间热量带入库内，防止苗木霉变。湿度控制在60%～80%较合适，湿度过低，苗木易失水，影响栽植成活率；湿度过高，苗木易霉变，出现烂根和烂芽。

第三章　优质葡萄苗的培育

4. 苗木包装与运输

苗木储藏运输离不开包装。我国苗木包装一般用纸箱、编织袋、麻袋、木箱、蒲包、草袋等作外包装材料，用湿锯末、苔藓、碎稻草作填充物，用内衬薄膜塑料保湿，虽经济实惠，但不规范。国外通用纸壳箱包装，内衬薄膜塑料保湿，添加苔藓等保湿材料，纸箱外标明生产企业、品牌、品种、等级、数量、产地等，非常规范，方便运输。

苗木运输车辆要求密闭，在运输过程中要为苗木提供最适的温度、湿度等条件。注意防干防冻，自根苗木必须在 −4～8℃ 条件下运输，如果运输的是抗寒砧木嫁接苗，则最低温度可降至 −10℃。

第四章

标准化葡萄园的建立

第一节　园址的选择与规划

一　优质高效商品葡萄园的要求

1. 规模化种植

在商品经济时代，优质高效商品葡萄的种植面积少则数十数百亩，多则几千几万亩，要集中成片规模化种植，统一规划指导建园，形成葡萄生产专业区。只有这样，才能便于采用现代商品生产手段，便于果园机械化作业、病虫害综合防治、联合搞防风固沙、统一修建水利设施等大型抗灾工程，才能逐步形成产、运、储、销专业分工一体化的产业化生产和服务体系。

2. 批量化生产

商品果园，不但规模要大，而且要有自己的主打、特色产品。不然就没有争夺占领市场的能力。因此，优质高效商品葡萄必须突出主栽品种，避免过去品种多而杂的生产局面，实现产品批量化生产，创出拳头产品，打入市场，创造品牌。

3. 标准化管理

葡萄产业发达的国家对葡萄生产全过程都进行标准化的生产，大都已形成稳定的标准化生产模式。优质高效商品葡萄园应采用成套技术，使葡萄生产标准化，如株行距、树形及施肥、打药、疏果、套袋、修剪、采收、储藏等技术，要统一标准，规范操作。同时做到产前、产中、产后各环节的技术操作科学规范，强化产品质量全程监控。

4. 商品化处理

采用国内外先进果品采后商品化处理、储藏、加工技术及设备，建立健全果品采后处理技术体系和从生产到销售市场的冷链技术体系，保证果实的优良商品性。采用果品深加工新工艺，增加果品的附加值。

5. 品牌化营销

在果品营销方式上，重视品牌的树立，加强现代营销手段的运用，利用网络信息平台，准确及时获取相关的技术信息和市场信息，由单一传统经营型向多元化、多模式经营发展，确保生产的优质果品获得最佳的经济效益。

二 园址的选择及规划

建园是葡萄栽培的一项重要基本建设，建园涉及多项科学技术的综合配套。既要考虑葡萄本身及环境，又要预测市场销售和流通，其中任一环节决策失误或实施技术不当，将给葡萄种植者带来重大的损失，因此必须进行综合考察论证，全面规划，精心组织实施，使之既符合现代果品生产要求，又具有现实可行性。

1. 园址的选择

葡萄是多年生经济树种，种植后就会在一个地方连续生长结果许多年。因此，园址选择的好坏直接关系到葡萄生产的成败及其经济效益的高低。尤其是大型的葡萄园，建园时一定要有长远规划，并做好各项基础工程，为以后的优质、丰产、高效益奠定良好基础。

建园时需要综合考虑当地的气候、土壤、交通和地理位置等条件。建园必须以我国葡萄种植生态气候区划为依据，在葡萄栽培的适宜区、次适宜区进行选择，以获得事半功倍的效果。葡萄属适应性较广的树种，园地的类型也较多，根据地形可以将其分为以下几种。

（1）平地葡萄园 平地一般比较平整，地形变化较小，便于道路及排、灌系统的设计与施工，便于葡萄的搭架并实施机械化操作管理，提高劳动生产率。平地果园一般水分充足，水土流失较少，土层较深，有机质较多，根系入土深，生长结果良好，产量较高。

气候变化幅度较小，但是平地果园的通风、日照和排水等均不如山地果园。果实的色泽、风味、含糖量、耐储性等方面也比山地果园差。平地便于生产资料与产品的运输，比建立山地果园投资少，产品成本较低，有利于提高果园效益。

（2）山地葡萄园 山地空气流通，日照充足，温度日差较大，有利于碳水化合物的积累，果实着色好和优质丰产。选择山地建园时，应注意海拔、坡度、坡向及坡形等地势条件对温、光、水、气的影响。由于山地气候变化的复杂性，决定了在山地选择建园地的复杂性。因此，山地建园时，必须熟悉小气候，避开风沙口，防止水土流失，培肥地力，并因地制宜地选择架式、品种和栽培技术。

（3）丘陵地葡萄园 丘陵地是介于平地与山地之间的过渡性地形，选址时主要考虑土壤类型、土层厚度、土下母质层性质、植被、有机质含量及小气候等情况。丘陵地建园时水土保持工程和灌溉设备的投资较少；交通较方便，便于实施农业技术，是较为理想的建园地点。

（4）海涂滩地葡萄园 海涂地势平坦开阔，自然落差较小，土层深厚，富含钾、钙、镁等矿质营养成分，但含盐量高，碱性强；有机质含量低，土壤结构差；地下水位高，在台风登陆的沿线更易受台风侵袭。

（5）沙荒地葡萄园 沙土地的缺点是有机质含量低，葡萄生存条件不好。但沙土地土质疏松，易于耕作，透水性好，增温快且温差大，结果早且品质优良，因此沙土地经过改造完全可以建立优质葡萄园。改造沙荒地有平整土地、植树造林、深翻改土、增施有机肥、设置沙障等方法。经过高标准改造的葡萄园，具有很好的经济效益。

2. 园区的规划

园址选定后，要遵循"因地制宜，节约用地，合理利用，便于管理，园貌整齐，持续发展"的原则对园区进行设计，内容主要包括作业区、道路系统、辅助设施、防护林、水利设施等。在实地调查、测量，作出平面图或地形图的基础上，根据图、地配合作出具体规划。各部分占地比例是：作业区占地90%，道路系统占3%，水利设施占1%，防护林占5%，其他辅助设施占1%。

(1) 作业区 为便于作业管理，面积较大的可划分成若干个小区。地势平坦一致时，小区面积可为50~150亩。小区以长方形为好，可以减少机械作业时的打转次数，提高作业效率。长边与短边按2:1或5:(2~3)设计。小区的长边应与主风带垂直（与主林带平行）。山地地形复杂，变化较大，要根据地形、地势等划分小区，小区长边与等高线平行，面积15~50亩即可，划分时要本着有利于水土保持，防止风害，便于运输和机械化作业，便于作业的原则进行。

(2) 道路系统 道路系统关系到日常的管理和运输效率，其规划设计应根据实际情况安排。大型葡萄园需要设计干路、支路、小路三级道路。干路要求位置适中，贯穿全园，一般建在大区的区界，宽6~8m，外与公路连接相通，内与建筑物、支路连接，以方便运输；支路与干路垂直相通，一般设在小区的分界，宽4~6m；小路即小区内或环园的管理作业道，与支路连通，宽2~3m，便于人工和小型机械作业。小型葡萄园，为了减少非生产用地，可以不设干路和支路，只设环园和园内作业道即可。山丘地葡萄园，地形复杂多变，干路应环山而行或呈"之"字形，坡度不宜太大，路面内斜3°~4°，内侧设排灌渠。平地或沙地葡萄园，为减少道路两侧防护林的遮阴，可将道路设在防护林的北侧。盐碱地果园，安排道路应利于排水洗盐。

(3) 水利设施 灌水系统的设计，首先要考虑水源，水源主要有河、湖、水库、井、蓄水池等。灌溉系统分为干渠、支渠和毛渠三类。采用地下水灌溉的可以在适当的位置打井，平原应每100亩打一口井，水井应打在小区的高地及小区的中心位置。修建灌溉系统可与道路、防护林带建设相结合，以提高劳动效率和经济效益。主路一侧修主渠道，另一侧修排水沟，支路修支渠道。山地果园的排水与蓄水池结合，蓄水池应设在高处，以方便较大面积的自流灌溉。在果园上方外围设一道等高环山截水沟，使降水直接入沟排入蓄水池，以防止冲毁果园梯田、撩壕。每行梯田内侧挖一道排水浅沟，沟内做成小埝，做到小雨能蓄，大雨可缓冲洪水流势。地下水位高、雨季可能发生涝灾的低洼地、盐碱地必须设计规划排水系统。除了常规的地面灌溉方式外，有条件的地区还可采用喷灌、滴灌或渗灌的方式。

（4）防护林　营建防护林可以改善葡萄园的生态条件。防护林一般包括主林带和副林带，有效防护范围为林木高度的 15～20 倍。山地主林带应设在果园上部或分水岭等高处。沿海和风沙大的地区应设副林带和折风带，林带应加密，带距也应缩小。主林带应与当地主风向垂直，主林带间距 400～600m，植树 5～8 行。副林带与主林带垂直形成长方形林网，植树 2～3 行。防护林树种因地选用，最好乔、灌木结合，落叶与常绿结合。

（5）辅助设施　葡萄园规划除了要考虑上述因素外，还要考虑生产生活用房，粪池，包装、预储场地，储藏保鲜及各种辅助设施等项目，以便于果品的储藏。

⚠ **【注意】** 葡萄建园要根据适地适栽的原则，在葡萄生态适宜栽培区，选择最适合当地栽培的优良品种，不可盲目追求新品种，一哄而上。

葡萄园应远离工矿区，避免工业污水、废气、粉尘对葡萄生产造成影响（彩图28）。

第二节　架式的选择与设立

葡萄是多年生藤本植物，枝蔓比较柔软，栽培时需要搭架才能使植株形成良好的树体结构和叶幕结构，并有利于通风透光、减少病虫害，便于在园内管理和操作。葡萄的架式、树形、修剪、叶幕结构之间必须相互协调。架式的选择还要具体考虑立地条件、品种和栽培技术等。目前，生产上应用较多的主要有篱架、棚架两种类型。

一　篱架及其搭建技术

架面与地面垂直或略为倾斜，葡萄枝蔓分布在上面形成篱壁状，故称篱架，这种架式一般采用南北行向栽植。篱架主要适宜于生长势较缓和的品种。篱架是当前国内外生产上密植栽培采用最为广泛的架式，适用于平地大型葡萄园。篱架主要类型有单篱架、双篱架、T形架等。

1. 单篱架结构特点及搭建技术

沿葡萄栽植行向设一排立柱，立柱距葡萄栽植行 30 ~ 40cm，架面与地面垂直。架高因行距而定，一般架高 150 ~ 180cm。架上横拉 2 ~ 4 道铁丝。具体应用时其架高和铁丝的道数应依据品种、树形、气候、土壤等情况而定。建架时，行内每 600cm 设一支柱（采用钢管、水泥柱等）。边柱埋入土中 70cm，在其内侧用支柱加固或者边柱稍向外倾斜，并在其外侧用锚石固定（图 4-1）。

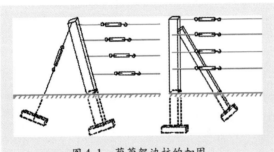

图 4-1　葡萄架边柱的加固

中柱埋入土中 50cm，然后用 8 号镀锌铁丝按要求连接支柱，最下面第一道铁丝距离地面 50 ~ 60cm，以上间距 40 ~ 50cm。铁丝用紧丝器拉紧，然后用"U"形钉或其他方法将铁丝固定在各个支柱上。在每行两端的铁丝上安放一个紧线装置，以便随时拉紧铁丝。

采用单篱架时，葡萄植株单行栽植，枝蔓向上均匀引缚在架面上。叶幕呈直立长方形（图 4-2）。单篱架的优点是：适宜密植和埋土时上、下架作业，田间管理方便，适于机械化作业（耕作、喷药、埋土、出土、采收等）；架面通风透光好，整形快，结果早，早期丰产性能好，果实品质佳；支架容易，架材较省。缺点是：有效架面相对较小，行间漏光量大；架面垂直受光不均匀，架面上部顶端优势强，易造成上强下弱现象，结果部位容易上移，日灼较严重；架面下部受光差、受光时间短，果穗距离地面较近，易感染病害和受泥土污染，果实品质差；后期树体老化、产量低、质量差。

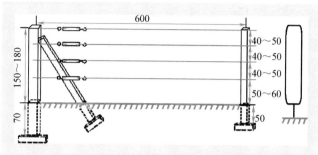

图4-2 单篱架及叶幕结构示意图（单位：cm）

单篱架适合冬季比较温暖葡萄不下架防寒或埋土比较少的地区。适于生长势较弱的品种采用，常用的树形有扇形、龙干形、单臂水平形、双臂水平形等。

2. 双篱架结构特点及搭建技术

沿葡萄栽植行向设两排立柱，垂直于地面或略向外倾斜，并用钢筋或铁丝相连接。两排立柱基部相距60～70cm，顶部相距100～120cm，呈倒梯形。一般架高150～180cm。2行立柱上同样横拉2～4道铁丝。建造时可用双排支柱，也可用单排支柱而每柱上加3～4道横木梁。边柱及中柱的设置方法参考单篱架设置方法。

葡萄植株定植在两壁当中或采用带状双行栽植（宽窄行相间）。枝蔓向两侧均匀引缚在两个架面上，也可以交替向一壁分布。叶幕呈"U"形或开张"V"形（图4-3）。双篱架的主要优点是：单位土地面积上有效架面比单篱架增加，光能利用率提高，单位面积产量较高。缺点是：通风透光条件不如单篱架，易发生病虫害，对肥水和植株管理要求较高；上架、下架埋土防寒，管理和机械化操作不方便；工作量较大，架材投资大；双篱架在与单篱架同样高度时，行距应适当扩大。

双篱架适合光照、肥水管理条件较好的园地和生长势较弱的品种。常用的树形有扇形、水平形、龙干形等。

3. 宽顶单篱架（"T"形架）结构特点及搭建技术

宽顶单篱架是在单篱架的顶端设一根横梁，横梁垂直行向方向，

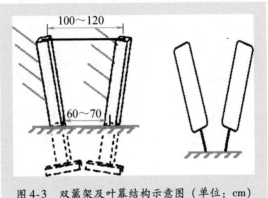

图 4-3　双篱架及叶幕结构示意图（单位：cm）

长度 60~100cm，使架面呈 T 形，故称 T 形架。在横梁两端各拉一道铁丝，在立柱上拉 1~2 道铁丝。宽顶单篱架的高矮和宽窄，因品种和生长势不同而变化。

　　葡萄植株采用单行栽植，枝蔓均匀引缚在横梁两端的铁丝上。叶幕呈"V"形或"M"形（图 4-4）。宽顶单篱架优点是：架面增大，枝叶分散，通风透光，树势缓和，较单篱架增产；果穗悬垂，病虫害轻，品质优；省工，便于管理，有利于机械化作业等。缺点是：行间空间变小，制作安装较单篱架费工费料。

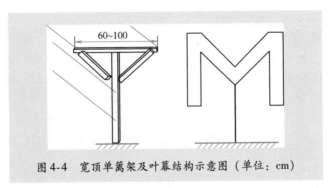

图 4-4　宽顶单篱架及叶幕结构示意图（单位：cm）

　　这种架式比较适合不防寒地区生长势较强的品种，适宜的树形有单干双臂水平龙干形等。

二 棚架及其搭建技术

架面与地面平行或略倾斜，葡萄枝蔓均匀分布于架面上形成棚面，常用的棚架类型主要有水平棚架、倾斜大棚架、倾斜小棚架、篱棚架、独龙架等。

1. 水平棚架结构特点及搭建技术

水平棚架即把一个连片的栽植区整体搭成一个水平的棚架。一般架高 180～220cm，每隔 4～5m 设一立柱，呈长方形或方形排列，四周边柱用锚石和紧线器把骨干线拉紧固定，周边的骨干线和内部通过立柱的骨干线用比较粗的钢绞线，骨干线之间的载蔓线用 12 号铁丝，纵横牵引成 50cm 见方的网格，形成一个水平的棚面。枝蔓水平均匀分布在距地面较高的棚面上。

植株栽植株行距较大，叶幕为水平叶幕（图 4-5）。优点是：植株生长缓和，通风良好，光照分布均匀；枝、芽、叶、果生长发育平衡关系容易调控，果穗整齐，果实着色好，日灼轻，果品质量高，产量稳定，病虫害轻；土、肥、水管理相对集中；架下空间大，便于小型机械作业。缺点是：前期产量较低；埋土防寒地区上、下架比较费事，夏季修剪不及时会造成架面郁闭和病害加重。

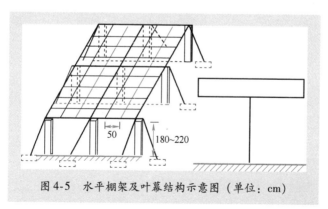

图 4-5　水平棚架及叶幕结构示意图（单位：cm）

水平棚架适合平地葡萄园和生长势较强的品种。常用的树形有水平龙干形、"H"形和"X"形等。

2. 倾斜大棚架结构特点及搭建技术

架长 8～10m 以上，架根（距离葡萄栽植行最近的第一排立柱）

高1.0m，前柱（距离葡萄栽植行最远的一排立柱）高2～2.5m，架根和前柱中间每隔4m左右设立一根中柱，中柱高度从架根向前柱逐渐升高，在架根和前柱上设横杆，在横杆上沿行向每隔50cm拉一道铁丝，形成倾斜式架面。搭建时先将边柱和边横梁固定好，然后整好所有的支柱和横梁，最后固定铁丝。

植株距离架根0.5～1m单行栽植，枝蔓倾斜均匀分布在架面上。叶幕与地面稍有倾斜，近树侧较低，远树侧较高（图4-6）。优点是：单位面积植株栽植少，覆盖面积大；便于土、肥、水集中管理，通风透光；架面离地较高，能有效控制病虫害。缺点：栽植密度小，树冠成形慢，早期丰产性差；棚面过大，单株负载量大，对肥水和整形修剪要求较高，管理不当容易出现枝蔓前后长势不均衡现象，使结果部位前移，后部光秃，主蔓恢复和更新较难；棚架较矮或低矮的倾斜部分，机械化作业比较困难。

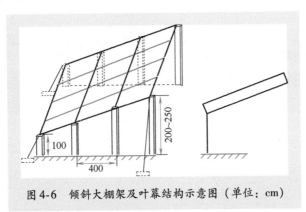

图4-6　倾斜大棚架及叶幕结构示意图（单位：cm）

倾斜大棚架适合埋土防寒地区和地形复杂的山坡地，适合生长势比较强的品种；常用的树形有龙干形、扇形等。

3. 倾斜小棚架结构特点及搭建技术

架形结构与倾斜大棚架大同小异。架长4～6m，架高比倾斜大棚架有所降低。倾斜小棚架弥补了倾斜大棚架的缺点，优点是：可以增加单位面积的栽植株数，有利于早期丰产；主蔓较短，便于下架防寒和出土上架，前后生长均衡，容易调节树势，产量稳定，通过及时整形可以丰产、稳产，更新容易。

适合我国北方埋土防寒地区、丘陵坡地及地形不整齐的地块使用，适宜生长势中等的品种采用，常用的树形有龙干形、扇形等。

4. 篱棚架结构特点及搭建技术

篱棚架是一种兼有篱架和棚架的架式，故称为篱棚架，其基本结构与倾斜小棚架相同。架长 4～6m，但架根提高到 1.5～1.6m，前柱高 2～2.2m。建架时篱架面拉 2～3 道铁丝，去掉最上一道铁丝；棚架面拉 4～6 道铁丝，第一道铁丝与立柱保持 30～40cm 的距离。

植株距离架根 0.5～1m 单行栽植，在篱架上形成篱壁后按一定的倾斜度向棚架上生长，枝蔓均匀分布于两个架面上。叶幕由两部分组成（图 4-7）。篱棚架除兼有篱架和棚架的优点之外，其架面比较大，能有效地利用空间、光能和提高产量；从定植到盛果期短，早期丰产。缺点是：由于棚架架面遮挡，往往使篱架架面通风透光性下降，影响篱架架面的果实产量和质量；此外，植株的主蔓从篱架面转向棚架面时，若弯拐得过死，容易造成篱架面和棚架面生长不均衡，出现上强下弱的现象，需加强修剪，防止植株枝蔓过旺生长。

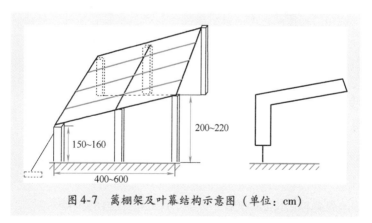

200~220

150~160

400~600

图 4-7　篱棚架及叶幕结构示意图（单位：cm）

篱棚架适合我国北方埋土防寒地区生长势较强的品种，常用的树形有龙干形、扇形等。

三　柱式架结构特点及搭建技术

最简单的架式，即在每个葡萄植株旁边设立一个木柱作为支架，木柱直径约 5cm，长 1.2~1.8m，埋入土中 30~50cm，不用铁丝，没有固定的架面，省架材。柱式架简单但通风透光较差。

将葡萄的主蔓或新梢直接引缚在木柱上，使其在离地面一定高度的空间内生长。一般干高 60~120cm，主干顶端沿不同方向着生枝组和结果母枝，结果母枝实行短梢修剪，新梢不引缚，自然下垂。经过 6~10 年的生长，植株的主干变得粗壮时可以去掉支柱，成为无架栽培。柱式架适于冬季温暖不用防寒和架材缺乏的地区。一般采用头状整枝、杯状整枝、柱形整枝等。

第三节　品种的选择与栽植

一　品种的选择

品种选择轻者关系到经济效益的高低，重者关系到成功与失败。首先，应根据品种与砧木的区域化，品种的适应性、丰产性等选择，其次根据生产目的、经济实力、栽培水平等考虑。

1. 适应性和丰产稳产性

选择品种首先要考虑对当地气候条件最适合，发挥其最佳栽培效益。如选择抗旱、抗寒品种，是我国西北、东北地区栽培葡萄需要考虑的问题；抗盐碱对内陆低洼或滨海盐碱地十分重要；选择耐高温、高湿的品种是南方一些地区应注意的问题。不论哪种用途或在哪个地区选择品种，成熟期早晚、早结果、早期丰产、稳产、抗性及适应性强、管理简便等特性，都是选择品种中不可忽视的问题。

2. 生产目的与栽培方式

所生产的葡萄是为了内销还是外销，是加工还是鲜食，其要求品种均不同。对于国内市场，根据地域特点是为了满足应季消费还是经过储藏再销售，应选择不同成熟期或耐储运性的品种。

露地葡萄主要应根据当地的气候特点合理选择品种。干旱、积水、盐碱、线虫、根瘤蚜等可通过选择砧木加以解决，葡萄冻害可通过砧木来预防；庭院葡萄品种应集绿化、美化、观赏性与食用性于一体，强调抗病性强，栽培管理容易等特点。管理过程中减少打药次数，既节省劳动力，又减少农药对果实的污染。如金星无核、蜜汁等抗性强的品种是首选。观光葡萄园要选择浆果具有不同色彩、不同形状、不同成熟期、不同品味以及叶片具有不同形状、新梢具有不同色泽等特点的品种，强调多样性。葡萄长廊应考虑选择抗寒，冬季最好无须下架防寒、同时抗病性强的品种。北方葡萄砧木品种如贝达是比较理想的品种，不仅树体抗寒、抗病，而且可以结果。北方寒冷地区，也可以选择浆果具有不同色彩、不同形状、不同成熟期、不同品味以及叶片具有不同形状、新梢具有不同色泽等特点的栽培品种，并做到多样化，但越冬应防寒。

3. 经济实力与技术水平

经济实力强、技术水平高的产区，可以利用各种设施、各种手段排除不利因素，生产出符合国内国际市场需求的优质葡萄。如南方采用避雨设施，北方采用温室或大棚生产高档欧亚种鲜食葡萄，其经济效益是露地葡萄的 2 ~ 10 倍。瘠薄土壤、盐碱地等用限域栽培或滴灌等方式也有利于优质葡萄生产。

4. 耐储运性与货架寿命

葡萄浆果在市场上销售，由批发商到零售商，再到柜台销售，需要一定的时间。在常温下葡萄能保持一段时间果梗、果柄不变褐，保持鲜绿如初，果肉不变软，仍然有采收时的弹性，这段时间即葡萄货架寿命。葡萄货架寿命长，为销售带来了商机，能减少损耗；为购买者提供了充足的时间消费。商业化栽培一定要考虑果实的储运性与货架期，这样才能有利于市场销售。果肉质地较软、梗脆、果刷短的品种，果实不耐运输和储藏，主要用于应季销售，价格很不稳定。果肉质地较硬、果梗柔软、果刷较长的品种耐储运，货架寿命长，除了应季供应外还可长时间储藏，延长葡萄市场供应期，可取得良好的经济效益。近年来得到大面积推广的红地球葡萄及传统品种龙眼等欧洲种，其果刷长、果肉质地硬或相对较硬，有良好的耐储运性和市场前景。

5. 果实品质

鲜食葡萄品种的商品性状首先是外观，在市场给人们第一感观认识的是果实外观。影响外观的因素有果穗的形状、大小、整齐度、松紧度，着色均匀程度，浆果的大小、形状、色泽及果粉的厚薄等。

果穗大小应适当,太大了影响内部果粒通风透光,不易着色,含糖低、风味差;果穗太小了又不受消费者喜欢。一般每穗重 400 ~ 500g,有利于标准化包装。果穗松紧适度、果粒大小一致、色泽一致更受消费者欢迎。果形(如牛奶葡萄、美人指、里扎马特、无核白鸡心等)以较常见的圆形或椭圆形果更受消费者青睐。浆果的色泽是非常吸引消费者眼球的,每一个品种果实上市时应达到其固有色泽,如巨峰葡萄的紫黑色、无核白鸡心葡萄的草绿色、意大利葡萄的金黄色、红地球葡萄的鲜红色等,颜色应一致而有光泽。葡萄浆果色泽不仅给人美感,同时也能带给人食欲。果肉脆、肉质细、酸甜适口、香气浓淡适宜的品种深受人们欢迎。大多数鲜食品种的果实香型为果香型,但一般消费者更易接受玫瑰香型。

二 栽植时期

葡萄苗栽植有春栽和秋栽两个时期。春栽多在土壤解冻后至萌芽前进行,秋栽在落叶期到土壤上冻前进行。在秋季雨水多、空气和土壤的湿度大、地温高的南方地区,采用秋栽比春栽效果好,当年伤口可愈合,使根系得到充分的恢复,第二年春天能及时生长,成活率高,地上部分生长得好。但在冬季严寒、干旱、多风的北方地区,秋栽后要埋土越冬,加大了工作量。此外,秋栽时各种农作物收获比较繁忙,劳动力也比较紧张。因此,北方寒冷地区习惯于春栽,春栽后随着气温、地温的升高,苗木即进入生长季节,有利于成活。春栽时宜早不宜晚,在芽没有萌动前栽植成活率较高。

三 栽植方法

1. 挖定植坑或定植沟

(1)定点与挖坑 根据果园规划设计的栽植方式和株行距,先在地面上用石灰或木棍标定好定植坑或定植沟位置。为了纵横成行,挖定植坑时应以定植点为中心,挖成圆形或方形的定植坑,定植坑的长、宽、深均应在 0.8 ~ 1.0m 范围内。葡萄栽植株距一般比较小,生产中常采用挖定植沟的方式进行栽植。挖沟时沿定植行向开一条定植沟,定植沟宽、深在 0.8 ~ 1.0m 范围内。定植坑或沟的大小要根据土壤情况而定。山区土层薄的地方或黏重地建园,应挖大些;

而在沙壤地建园，可挖小些。挖坑或沟时碰上的岩石、河卵石和黏盘层，不但要挖大，还要将其中的石头全部挖出，并用表土回填，也可用爆破法打开定植坑，但要注意安全。挖出的表土和底土要有规律地分开放置，并将坑或沟底翻松（图4-8）。在土壤条件差的地方，定植坑或沟也可提前挖出，秋栽夏挖，春栽秋挖，以使底层的土壤能得到充分熟化，有利于苗木根系的生长。

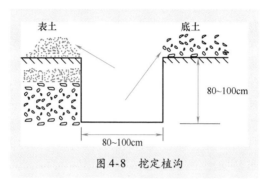

图4-8　挖定植沟

（2）**回填和施肥**　定植坑或沟回填时，先在坑或沟底隔层填入有机物和表土，厚度各10cm，有机物可利用秸秆、杂草或落叶。将其余表土和有机肥及过磷酸钙或磷酸二铵混合后填入坑的中部，近地面时也填入表土，挖出来的表土不够时可从行间取表土回填，保证定植沟中的土，全部为表土，将挖出来的底土撒向行间摊平或作畦埂（图4-9）。每亩施入充分腐熟的有机肥（人粪尿、圈肥、鸡

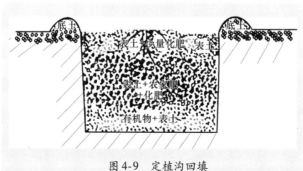

图4-9　定植沟回填

粪、羊粪等）5000~6000kg、过磷酸钙 10kg 或磷酸二铵 10~15kg。回填时要逐层踩实，有灌溉条件的最好灌水使坑土沉实，再平整定植沟，作畦，准备栽植。否则定植后坑土会下沉，影响苗木的生长。对于地下水位较高或排水不良的地块，可在沟底直接填 30cm 左右厚、无污染且符合无公害标准的炉渣，作为渗水层，然后再回填。

2. 苗木准备

（1）选苗和分级 定植用的苗木根据优质壮苗标准进行选苗和分级。并仔细检查苗木有无检疫性病虫害。

（2）苗木栽植前处理 定植前对苗木进行核对、登记。栽植前对苗木进行适当修剪，剪去枯桩，保留 2~3 个芽，对根系进行修剪，剪平伤口，剪去过长的根系，将根保留 15~20cm 长即可。并将选好的苗木捆成捆放入清水中浸泡 12~24h，使根系吸足水分后再进行栽植。为了预防根部病害，苗木宜用 3~5 波美度的石硫合剂浸根 5~10min，捞出晾干。将根系用生根粉浸泡处理可提高栽植成活率。将浸过水或浸过生根粉液的苗木根部蘸上泥浆（图 4-10），即可栽植。也可在泥浆中加入生根剂，将苗木根部进行蘸泥浆处理。苗木在运输和定植前，应避免日晒和风干，注意保湿。苗木准备好后要立即栽植，若不能很快栽完，可用湿麻袋或草帘遮盖，防止失水干燥。

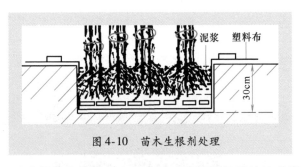

图 4-10 苗木生根剂处理

（3）温室提前催苗技术 无论露地栽培还是保护地栽培，如果直接栽植一年生葡萄苗木，由于苗木萌芽、生长状态不同，会导致建园不整齐，而且对于生长期较长的品种，如果 4 月栽植苗木，到秋冬季枝条不能充分成熟，会导致生产受到影响。因此，目前生产中提倡在温室内提前进行催苗，5 月中旬左右把苗木带土坨移栽到露地或保护设施内。此种方法具有三个显著的特点：一是由于移栽时，可根据苗木萌发的整齐情况进行选择，有利于建园的整齐度；二是苗木带土坨定植，没有缓苗期，定植后即可生长；三是由于在温室内将苗提早定植于营养袋，苗木萌发早，人为延长了苗木的生长期，有利于秋季枝条的成熟。

具体的操作方法是：北方地区于2月下旬或3月上旬，在温室内，将配好的营养土装入直径为15~20cm的无底营养袋内，装入一半土时，放入苗木，继续填土至离袋口5cm左右处停止，栽苗时注意提苗，并将土压实，定植后浇一次透水。新梢生长期，每隔半个月左右追一次氮肥，视土壤干湿情况适时灌水。当新梢长到5cm左右时，按照预计的留蔓方式保留1~2个新梢，其余的新梢抹除。当新梢长至15~20cm时，即5月上中旬左右，选择质量较好的苗木带土坨进行移栽。注意移栽前7天左右禁止灌水，以防土坨松散。

3. 栽植

葡萄的栽植行向，平地以南北走向为宜，有利通风；山坡地栽植应按等高线栽植为宜。栽植时，按品种分布及栽植株行距发放苗木。栽植前将回填沉实的定植穴底部堆成馒头形，踩实，一般距地面25cm左右，然后将苗木放于坑内正中央，舒展根系，不要圈根，扶正苗木，使其横竖成行，随后填入取自周围的表土并轻轻提苗，以保证根系舒展并与土壤密接，确认位置是否正确，然后用土封坑，踏实（图4-11）。

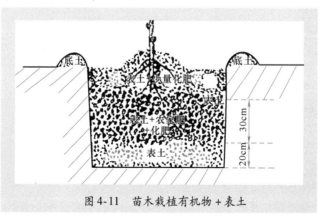

图4-11 苗木栽植有机物+表土

栽植后沿行向在苗木两边修筑宽1m的树盘，随后灌大水，待水渗入后在树盘内覆上1层松土，然后盖地膜保墒，栽植深度以与苗木在苗圃时的栽植深度相同为宜，嫁接口要高出地面3~5cm，扦插苗根颈部与栽植沟面以平齐为宜。栽植不宜过深或过浅，过深不易缓苗，过浅不易成活。最后将多余的土做成畦埂。对于北方需要埋土防寒的地区，为便于下架防寒，栽植时枝蔓应同方向倾斜30°~45°，地头几棵向行里方向倾斜。北方干旱地区应将露出畦面的苗茎用潮湿松土培成小土堆，以防枝芽风干，待芽眼萌发后扒去一部分覆土至距芽3cm左右，不可将覆土全部撤除，以免干旱风吹干嫩芽；如果采用的嫁接苗地上部苗茎较高，直立培土有困难时，可将苗茎轻轻压倒培土或套塑料袋保湿，待萌芽时再撤去塑料袋，可提高栽植成活率。

南方地区一般空气湿度大，露于畦面上的枝段不需要埋土。在冬季严寒的东北和西北地区，根部有受冻的危险，可以采用深沟浅坑或深坑栽植的方法，对于防止根部受冻很有效。如沈阳地区，土层50cm以下的最低温度不低于-7℃，所以栽植深度以60cm为宜。在沙土地和沙砾地，因土壤干旱，土温变化剧烈，冬季结冻深而夏季表层温度过高，也应适当深栽。在地下水位高，尤其是盐渍化的土壤，则应适当浅栽。在旱地条件下，可采用"深坑浅埋"的栽植方法（图4-12），如山西省清徐县农民在葡萄栽植时挖60cm×80cm的深坑，定植当年填土至地面约30cm处，这样既能保蓄土壤水分，又能使土温不至于过低，以后2~3年内逐年培土，直到填平为止。

图4-12　深坑浅埋栽植

四 栽植后管理

葡萄要想达到早期丰产的目标，关键在于栽植后当年的管理。

由于刚栽植的苗木能够吸收营养的根系很少或刚刚开始发生，因此提高早春地温、少量多次追施化肥或腐熟的人粪尿是增加植株生长量的重要措施，是实现第二年丰产的关键。而枝蔓管理的关键是通过夏季修剪进行，可增加光合营养，促进植株健壮生长。

1. 地膜覆盖

近年有许多地区栽植后覆盖黑色地膜，可以提高早期地温，增加土壤含水量，防除杂草，减少管理费用，并使苗木第一年生长迅速、健壮，有利于早期结果。此法对提高干旱地区苗木成活率有很大作用。

2. 抹芽定枝

苗木发芽后，嫁接苗要及时抹除砧木上的萌蘖，以免消耗苗木中储藏的养分，影响接穗芽眼萌发和新梢生长。同时本着"留下不留上，留壮不留弱"的原则，保留2个靠近苗木基部已经萌发的芽，但注意同一节位不留双芽（图4-13）。当第一个新梢普遍长到20～30cm，少数壮苗达到40～50cm时，根据整形要求选留主

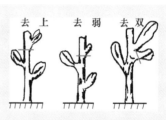

图4-13　定植后抹芽

蔓，单蔓整形时疏除较弱的新梢，每个苗只保留一个新梢。双蔓整形时两个新梢均要留下。

3. 肥水管理

早期丰产栽培技术中最关键的是肥水管理。对于刚栽植的幼苗要注意保持土壤湿润，如果发现土壤干旱时，要及时灌水。但注意早春灌水量不宜过大，以免降低地温，不利于幼苗根系生长，一般以湿透干土层为宜。当新梢长到30～35cm时，要及时追肥。方法是：在距苗木30cm左右处，开环状沟，然后每亩施入尿素15～20kg，施肥后立即浇水，待土壤略干后及时松土。由于定植当年苗木根系很小，吸收营养元素的数量也较少，因此，施肥要本着勤追少施的原则，一般每20～30天追施一次，前期以氮肥为主，以促进苗木迅速生长；后期以磷钾肥为主，以利于花芽形成和促进枝条成熟，一年追施3～4次即可。后期施肥时注意：随着苗木生长，开沟

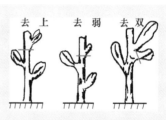第四章　标准化葡萄园的建立

81

的位置要适当外移，肥料的用量可根据苗木生长势酌情增减。

4. 新梢摘心与副梢处理

苗木定植的当年要及时、正确处理副梢，以利于通风透光，减少病害，同时还要对新梢进行多次摘心，以增加主蔓的粗度和成熟度，保证枝蔓各个部位均能形成充实饱满的冬芽。

（1）单蔓植株新梢与副梢处理 为减少病害发生，改善通风透光条件，随着苗木新梢的生长，应随时抹除距地表 30cm 以下新梢上的副梢。主梢距地表 30cm 以上的 1 次副梢，留 2 片叶摘心，2 次以上的副梢留 1 片叶反复摘心（图 4-14）。生长期较长的地区，也可以在健壮植株距地表 50cm 以上的两侧副梢中有计划地选留副梢作为第二年的结果母枝，对这类副梢留 7～8 片叶摘心，并严格控制其上的多级次副梢，以促进副梢的增粗和花芽分化。

图 4-14　植株副梢处理

北方地区，当大部分苗高达到 1.0～1.4m 时，对所有苗木新梢进行第一次摘心，最迟不晚于 7 月上中旬。由于我国各地葡萄生长期的长短不同，因此对当年栽植后苗木新梢及副梢处理的方法也有较大差异，具体可参考表 4-1。

架式不同，摘心的苗木高度也不同。篱架第一次摘心的苗木高度为 1.0～1.2m，棚架为 1.2～1.4m。此次摘心的目的是促进摘心口以下一段新梢的冬芽发育，避免出现芽不饱满而引起第二年第一道铁线和第二道铁线之间这段主蔓出现光秃带，同时也有利于基部主蔓的增粗。当主梢摘心后，只留先端一个副梢延长生长。等先端第一个副梢达到 0.5～0.7m 时，进行第二次摘心。摘心后顶端发出的副梢留 3～6 片叶进行第三次摘心，其余副梢留 1～2 片叶反复摘心。之后发出的副梢一律留 1～2 片叶反复摘心（图 4-15）。

表 4-1　我国不同地区新梢及副梢处理方法一览表

地　区	生长期/天	摘心次数及副梢处理	最迟摘心时间
长城以北	< 160	对新梢延长头进行 1 ~ 2 次摘心，保留 1 ~ 2 次副梢叶片	不晚于 7 月上中旬
长城以南	< 200	对新梢延长头进行 2 ~ 3 次摘心，保留 2 ~ 3 次副梢叶片	不晚于 7 月下旬
黄河以南	> 200	对新梢延长头进行 3 ~ 4 次摘心，保留 3 ~ 4 次副梢叶片	不晚于 8 月中旬

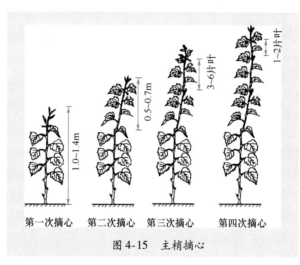

图 4-15　主梢摘心

（2）双蔓植株新梢与副梢处理　对于双主蔓植株，其第一新梢摘心方法与单蔓植株的相同。第二新梢的处理方法主要看其"长相"而定。在 6 月下旬至 7 月上旬，当第二新梢长度在 1m 以上时，可按与第一新梢相同的方法进行处理；如果第二新梢的长度只有 40 ~ 70cm，则对其进行摘心，摘心后保留先端 1 ~ 2 个副梢，其余副梢抹除，1 次副梢留 2 ~ 4 片叶摘心，2 次以上副梢留 1 ~ 2 片叶反复摘心。

对于在 6 月下旬，植株新梢长度只有 40 ~ 70cm 的弱植株，其管理的主要目标应是促进苗木基部增粗。采取的处理方法是：对这类植株进行重摘心，即剪去顶端 20cm 以上的嫩枝，以促进下部副梢萌发。抹除近地面 2~4 节的副梢，其余 1 次副梢均保留 3~4 片叶进行摘心，其上的 2 次或 3 次副梢每次留 1~2 片叶反复摘心。

5. 新梢绑缚、除卷须、去老叶

定枝后，立即设立竹竿作为支架。当苗木新梢长至 10~12 片叶，即卷须开始出现时，即可进行绑缚（彩图 29），并注意新梢随生长随绑缚，以防风折。生长季中随时去除卷须。北方地区在 8 月上中旬，南方地区在 8 月下旬以后，要及时摘除植株上新发出来的嫩梢、嫩叶，同时去除植株下部黄化衰老的叶片，以改善通风透光条件，减少营养的消耗和病虫害发生的概率。

6. 病虫害防治

苗木定植当年主要的病害有霜霉病、黑痘病等，应根据当地病虫害的发生规律，适时、对症使用药剂。

7. 冬季修剪与埋土防寒

北方地区葡萄需要埋土防寒，冬剪时间是在早霜后土壤上冻前进行，长城以北一般在 10 月上中旬，长城以南在 10 月下旬至 11 月上中旬。南方地区冬季气候温暖，不需要埋土防寒即可安全越冬，所以冬季修剪一般在 1 月中旬至 2 月中旬进行。

定植后第一年冬剪的关键是确定先端延长梢的剪截位置。具体的剪截位置和植株的生长势、架式、管理水平、树形等息息相关。如果植株生长健壮，夏季修剪方法适宜，则冬剪剪口处恰好是夏季主梢摘心或 1~2 次延长副梢摘心的位置。一般北方篱架葡萄冬季修剪的剪口粗度为 0.8~0.9cm，在秋季施肥量大、第二年肥水充足的情况下，冬剪的粗度指标可定为 0.7~0.8cm。如果秋施基肥少，或植株受到病虫危害、自然灾害等，剪口粗度指标可放宽到 1.0cm 左右。南方篱架葡萄冬季修剪剪口粗度比北方可普遍低 1mm。

棚架葡萄由于树形大，为减少第二年的留果量和新梢的负载量，使延长梢有充足的营养继续延长生长，冬剪时主蔓延长梢的剪口粗度指标普遍比篱架粗 1~2mm。

对于主梢上发出的副梢粗度在 0.5cm 时，可留 1~2 芽短截，作为第二年的结果母枝。清除枯枝、落叶、杂草，并结合冬剪剪除带菌枝条。

北方地区冬季严寒，要进行埋土防寒，覆土厚度因地区而异。北京地区不少于 20~25cm，并浇足防寒水。

【知识窗】 双层草苫覆盖防寒

近年来辽宁省熊岳地区葡萄埋土采用两层草苫覆盖，草苫上加盖一层无纺布，在无纺布上覆盖适量土，保证无纺布不暴露在阳光下即可，此种防寒方法简便、省工，效果也较好，值得推广。

——第五章——
葡萄的整形修剪技术

整形就是通过修剪技术人为地把树冠整成一定结构与形状的过程，包括株形的培养和维持。葡萄通过整形能使其结构合理、骨架牢固、枝条分布均匀，便于栽培管理，有利于葡萄的优质、丰产、稳产。

第一节　整形修剪的原则和要求

葡萄作为藤本果树，其枝蔓柔软不能直立，因此在整形修剪上与乔木果树相比有一定差异。其整形修剪方式虽然多种多样，但都应遵循一些基本的原则和要求。

一　整形修剪的原则

对葡萄整形修剪首先必须考虑葡萄的生长发育规律和生产管理目标等，具体来说，葡萄整形修剪应依照以下几个方面的原则进行。

1. 品种特性

每一个品种都具有特有的生长结果习性，整形修剪时，只有遵循品种的生长结果习性，才能充分发挥品种的产量和品质特性。如对生长势强的品种，应适当稀植并选择较大的树形，而对生长势较弱的品种可适当密植并选择较小的树形。对结果母枝基部芽眼不易形成花芽或形成花芽质量较差的品种，如牛奶、龙眼、无核白等东方品种群品种，可采用中长梢修剪（图5-1）；对结果母枝基部芽眼易形成花芽且形成花芽质量较好的品种，如巨峰系品种、某些酿酒品种和一些欧洲系品种，采用短梢或极短梢修剪（图5-2），可以有效地控制结果部位外移。

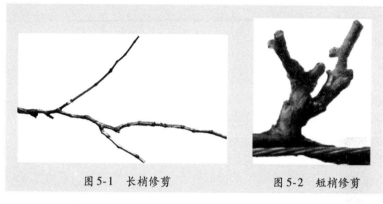

图 5-1　长梢修剪　　　　　　　　　图 5-2　短梢修剪

2. 立地条件

立地条件不同，采用的整形方式也应不同。冬季不需要埋土防寒、夏季高温高湿、病虫害严重的地区，宜采用有较高主干的整形方式，以利于植株基部通风透光，减少病虫害的发生。冬季需埋土防寒地区，篱架栽培的植株宜采用矮主干或无主干多主蔓的整形方式，棚架栽培的植株有较粗的主蔓或龙干，要避免从地面直立长出，栽植时应略向下架侧倾斜（图5-3），以便于下架埋土。在地势起伏的丘陵山地，特别是含砾石较多的山坡地，土壤的耕作管理很困难，宜采用较大的树形及株行距并实行棚架栽培。

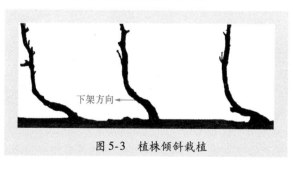

下架方向 ←

图 5-3　植株倾斜栽植

3. 栽培管理水平

土、肥、水等综合管理水平较高的情况下，可采用负载量较大的架式和较大树形及株行距的整形方式；土、肥、水等综合管理水平较低的情况下，则应选择负载量较小的架式和较小树形及株行距的整形方式，以免造成树形紊乱或树体衰弱。此外，还要考虑到果实的用途。如用作酿酒的葡萄，要求其含糖量较高，宜采用负载量较小的架式和相应的整形方式。

4. 规范整形

由于葡萄枝蔓的可塑性很强，可以按人们的意志造成多种多样的树形，故整形的自由度较大。但从方便推广和栽培管理的角度来说，宜采用标准化、规范化的整形方式，使植株的主要骨架和结果枝组构成（包括其数量、配置方式和部位）都有一定的规范，保证果园植株生长整齐；此外，更新和管理也要比较容易。对使用机械作业较多的大型葡萄园，采用的树形及架式应能适应机械化管理的要求。

> ● 【提示】 葡萄的整形修剪问题应与其他栽培措施联系起来综合考虑，特别是要与适当的架式相配合。

二 整形修剪的要求

1. 熟悉情况，定好方案

在整形修剪之前，首先要调查了解葡萄园的基本信息，包括立地条件、管理水平、树体年龄、砧穗组合、品种分布、栽植密度、采用树形、存在问题等，只有了解了这些基本情况之后，才能研究好整形修剪计划与技术方案。

2. 统一标准，做好准备

为了保证修剪质量，应统一修剪原则和标准，在必要时对所有参加修剪的人员进行技术培训与检查。提前做好准备工作，整修工具并磨快，备好消毒剂、伤口保护剂及刷具，以便随时涂用；并准备好修剪用的衣裤鞋帽，做好个人防护。

3. 按步操作，保证质量

在修剪之前认真细致观察树体结构和枝组分布，找出整形修剪上存在的主要问题，抓住主要矛盾，兼顾次要矛盾进行重点调节。在修剪操作时必须有条不紊地按步骤进行，不能东一剪，西一刀，随意乱剪。修剪时必须认真对待和慎重处理任何一个枝条。每一剪刀都要有依据，仔细琢磨。在技术方法及其使用程度上做到正确合理，不轻不重，恰如其分，恰到好处。决不可草率从事，马虎图快，只顾数量不顾质量。

4. 保护伤口，防病传播

对带有病虫的枝条应剪除或刮治，并集中烧毁或清出园外。同时对作业工具进行严格的消毒，防止病虫害继续传播蔓延。对修剪造成的较大伤口，要及时加以消毒保护，防止病虫害从伤口入侵，并减少蒸腾失水以促进伤口愈合。

第二节　常用树形及整形过程

葡萄的整形方法很多，分类方法也不完全统一。目前，生产上应用较多的树形有无主干多主蔓自然扇形、无主干多主蔓规则扇形和龙干形（包括独龙干、双龙干、多龙干、双臂水平龙干形等）。

一　无主干多主蔓自然扇形

1. 树体结构特点

这种树形在地面没有明显的主干，每株一般有 3 ~ 5 个（单篱架）或 7 ~ 8 个（双篱架）主蔓，随着株距的减小，主蔓数减少。主蔓上不规则地配置 1 ~ 3 个侧蔓，每个侧蔓上配置 2 ~ 3 个结果母枝，主侧蔓之间保持一定的从属关系。在主蔓和侧蔓的中下部留少量预备枝。各种枝蔓呈扇形均匀分布于架面上（图5-4）。

2. 整形过程

多主蔓自然扇形的整形过程比较简单，一般在 3 ~ 4 年内即完成整形，但在双篱架情况下每株培养 7 ~ 8 个主蔓和侧蔓，需要较长时间。具体整形过程如下。

1）第一年，苗木定植后留 3 ~ 5 个芽剪截（图5-5）。萌芽后，从植株基部选留 3 ~ 4 个健壮新梢留作主蔓，其余全部去除。夏天新梢长到80cm以上时及时摘心，以后对新梢顶端发出的第一副梢留

3～5片叶并反复摘心,其余副梢留1片叶并反复摘心。对于夏季生长较弱的新梢应适当重摘心,培养壮梢。

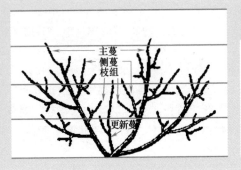

图5-4　无主干多主蔓自然扇形

图5-5　苗木定植
后留3～5个芽剪截

　　冬剪时,对健壮的主蔓在50～80cm处(第一道铅丝附近)短截(图5-6),对细弱的主蔓根据枝条具体情况适当进行短截,第二年继续培养成主蔓。第一年主蔓数目没有达到预定要求的,可对植株最基部1～2个一年生主蔓留2～3个芽剪截,以便第二年形成较多的主蔓。

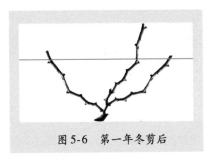

图5-6　第一年冬剪后

　　2)第二年,春天,在每一主蔓上抽生的新梢中,选留顶端一个粗壮的作为主蔓的延长枝,选留1～2个侧生新梢作为侧蔓。夏季,主蔓上发出的延长梢达70cm时及时摘心,侧蔓新梢留40cm摘心,以后可参照第一年的方法摘心。冬剪时主蔓延长蔓留50cm短截。生长势强的侧蔓留4～6个芽短截,生长势弱的侧蔓留2～3个芽短截,以便第二年培养结果枝组(图5-7)。第二年从植株基部新形成的主蔓,到第三年再在其上选留侧蔓。

3）第三年，继续按上述原则培养主蔓和侧蔓。春季在每一侧蔓上抽生的新梢中，选留 2~3 个新梢作为未来的结果母枝，结果母枝之间相距 10~15cm。夏季，新梢达 70cm 时及时摘心。冬剪时主蔓延长蔓留 50cm 短截，侧蔓留 2~6 个芽短截，根据品种和树势的不同，结果母枝留 2~5 个芽短截（图 5-8）。

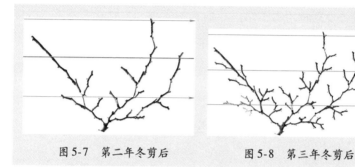

图 5-7　第二年冬剪后　　　　图 5-8　第三年冬剪后

以后逐年依次培养各类枝蔓和结果母枝，使之均匀地分布于架面上。主蔓高度达到第三道铅丝并且有 3~4 个枝组时，整形基本完成。以后主侧蔓延长枝可按结果母枝长度剪截，并注意回缩更新，以保持树形大小和健壮生长。对结果母枝，应根据长势采取长中短梢修剪。

二　无主干多主蔓规则扇形

1. 树体结构特点

这种整形方式是对自然扇形加以改良而来的，可以克服自然扇形整枝的一些缺点。每株一般有 3~5 个主蔓，不留侧蔓；在每个主蔓上直接配置 1~3 个由长、短梢组成的结果枝组；结果枝组按一定距离规则地排列在主蔓上。主蔓呈扇形排列在架面上。每个枝组中选留 1~2 个结果母枝和 1 个预备枝（图 5-9）。

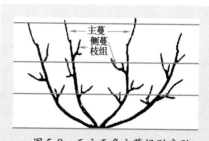

图 5-9　无主干多主蔓规则扇形

2. 整形过程

1）第一年，植株的管理同自然扇形第一年管理（图5-10）。

2）第二年，春天，在每一主蔓上抽生的新梢中，选留顶端1个健壮枝作为主蔓的延长枝，选留1~2个侧生新梢用来培养枝组。夏季，主蔓上发出的延长枝达70~80cm时及时摘心，侧生新梢留40~60cm摘心，副梢可参照第一年的方法处理。冬剪时主蔓延长蔓留50cm短截。其余侧枝留2~3个芽短截，以便第二年培养结果枝组（图5-11）。

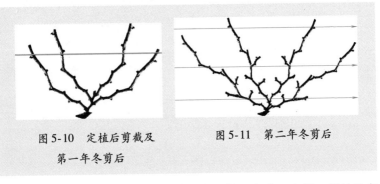

图5-10 定植后剪截及 　　　　图5-11 第二年冬剪后
第一年冬剪后

3）第三年，继续按上述原则培养主蔓。春季，在每一侧枝选留2个新梢培养成枝组。夏季，新梢达70cm时及时摘心。冬剪时主蔓延长蔓留50cm短截；枝组内上位枝，根据枝条强弱、植株负载量等留5~8芽短截作为结果母枝，下位枝，留2~3芽短截作为预备枝，形成一长一短的结果枝组（图5-12）。

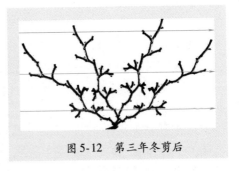

图5-12 第三年冬剪后

4）第四年，继续培养主蔓和结果枝组，使之规则均匀地分布于架面上。结果母枝上发出的新梢作为结果枝用，结完果后，应从结果母枝的基部剪去。预备枝上发出的新梢，留 2 个作为营养枝，冬剪时将 2 个枝条作一长（上方）一短（下方）修剪，形成新的结果枝组。如此年复一年；实现结果枝组的不断更新。每个主蔓高度达到第三道铅丝并且有 3 个枝组时，整形基本完成。

三 龙干形

1. 树体结构特点

龙干形是我国北方葡萄栽培中常用的一种整形方式。每个植株留 1 个或多个大小和长短基本相同的主蔓（称为龙干），自地面一直伸延到架面前端。根据龙干的多少可以分为独龙干、双龙干、多龙干，各龙干之间的距离约为 50cm。在龙干上不配备侧蔓，而直接着生结果枝组，枝组间距 20～25cm。对枝组中的结果母枝均进行短梢修剪或极短梢修剪，龙干先端的延长枝进行中长梢或长梢修剪（图 5-13）。

2. 整形过程

独龙干、双龙干、多龙干均以龙干为基本单元，其结构相同，现以独龙干为例介绍其整形过程。

1）第一年，定植后留 2～3 个芽进行剪截（图 5-14），萌芽后从萌发出的新梢中，选留 1 个生长健壮的新梢向上引缚直线延伸，培养为主蔓，其余抹除。

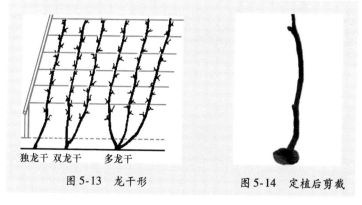

独龙干 双龙干 多龙干

图 5-13 龙干形

图 5-14 定植后剪截

夏季，当新梢长至 1.5m 左右时摘心，最晚于 8 月中下旬及时摘心，以促进新梢成熟和加粗生长。对其上发出的副梢留 1~2 片叶反复摘心。冬剪时，根据主蔓粗度和成熟度剪截，一般剪留到成熟节位，剪留长度为 1.2m，不超过 1.5m，以防中下部出现"瞎眼"现象，剪口枝直径 0.8~1.2cm，所有副梢全部去除（图 5-15）。

> ⭕ 【提示】 若主蔓粗度在 0.8cm 以下，应留 3~5 芽平茬，第二年重新培养主蔓。

2）第二年，春季，发芽后选留顶端一个健壮枝作为主蔓的延长枝，龙干基部 30cm 以下的芽一律抹去，50cm 以上左右交替每隔 25~30cm 留 1 个壮梢作结果枝。夏季，主蔓的延长枝可留 15~18 片叶摘心，营养枝和结果枝均留 8~12 片叶摘心。枝条顶端副梢留 3 片叶反复摘心，其余副梢留 1 片叶反复摘心。冬剪时主蔓上每隔 20~30cm 留 1 个结果母枝。主蔓延长枝剪留 12~15 个芽（长 1~1.2m），剪口下枝条粗度以保持在 0.8~1.2cm 之间为宜，其余结果母枝都留 2~3 个芽短截（图 5-16）。

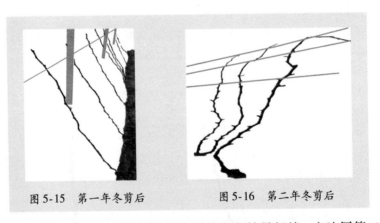

图 5-15　第一年冬剪后　　　　图 5-16　第二年冬剪后

3）第三年，在主蔓延长蔓上继续选留结果新梢，方法同第二年。春季在上一年培养的结果母枝上，各选留 2~3 个好的结果枝或营养枝培养枝组。夏季留 8~12 片叶摘心并及时处理副梢。冬季修剪时可参考上一年的修剪方法继续培养主蔓和结果枝组（图 5-17）。一般 3~5 年可完成整形工作。

4）第四年及以后各年的冬季，将龙蔓逐渐回缩，由下面的一年生枝作为延长枝，以促进下部芽的萌发，防止基部光秃（图5-18）。

图5-17　第三年冬剪后

图5-18　第四年及以后年份冬剪后

【知识窗】　　葡萄"1、3、6、9~12"修剪法

　　辽宁省果区的棚架葡萄，一般都采用龙干整枝法，结果枝组靠近主蔓，主蔓上没有其他分枝，冬剪时母枝的更新方法多采用单枝更新法。修剪非常有规律，即每1m主蔓范围内，留3个结果枝组；每个结果枝组保留2个结果母枝，共有6个结果母枝；每个结果母枝剪留2~3芽，春天选留9~12个新梢。这就叫做"1、3、6、9~12"修剪法。

【提示】

　　1. 葡萄整形修剪要根据品种特性、立地条件、栽培管理水平等，选择合适的树形，并做到规范整形。

　　2. 整形修剪标准要一致，技术要统一，操作要规范，以构建科学的个体结构和果园群体结构。

第五章　葡萄的整形修剪技术

——第六章——
葡萄周年生产管理技术

第一节　葡萄的出土上架

葡萄的出土上架是一年工作的开始，在出土上架之前做好全年生产计划、备好所需的各种生产资料、安排好用工等是葡萄生产的保障。

━ 出土上架前管理

春季当地温回升，冻土层融解后，葡萄要及时出土，并在出土后抓紧时间上架，结合树液流动期的特点，进行以下田间操作。

1. 农具维修、物资准备

进行各种农机具的维修，购置农药、化肥、农膜、工具、绑缚材料和日常用品，熬制石硫合剂。

2. 架面整理

葡萄架由于受上一年枝蔓、果实、风雨等危害，在出土上架之前，需要对其进行修整，为上架作准备。将倾斜、松动的立柱扶正、埋实，缺损的立柱补换；松了的铁丝进行紧固，锈断的铁丝及时更换；彻底清除上一年的绑缚材料，这项工作应在葡萄出土以前完成。

3. 施足基肥

上一年秋季没有施基肥的葡萄园，应结合葡萄植株出土将腐熟沤制好的有机肥施入防寒沟。每亩施农家肥 4000 ~ 5000kg，拌入过磷酸钙 75 ~ 100kg。施入沟的中下部，施入沟内后与填入的沟土混匀以防烧根,施肥后浇 1 次水。

二 出土上架

1. 出土

(1) 出土时期 葡萄出土应根据当地物候期确定适宜的时间。春季土壤化冻、气温达 10℃,葡萄根系层土温稳定在 8℃时,葡萄树液开始流动到芽眼膨大之前应及时出土。早春气温升降变化大,加上干旱多风,故出土时期不宜过早,出土过早,根系尚未开始活动,树体容易受晚霜危害,枝芽易被抽干,对植株前期生长不利;出土过晚,芽在土中萌发,出土上架时容易碰伤、碰断,或因芽已发黄,出土上架后易受风吹日灼之害,造成"瞎眼"及树体损伤,影响产量。葡萄出土前后应密切关注天气变化情况,一般以本地的山桃、杏树开花时出土为宜。

(2) 出土方法 出土时应先确定葡萄枝蔓的大概位置。先用铁锹去除覆盖的表土,并把土向两侧沟内均匀回填,然后再把畦子内、主蔓基部的松土清理干净,最后对行间进行平整。有用草苫覆盖的地区,应先把草苫上的土清理干净,将草苫晾干后,把草苫堆放整齐。

> ⚠ **【注意】** 出土时尽量不要碰伤枝蔓。葡萄出土最好一次完成,否则,枝蔓上面留有薄土层或草等覆盖物,容易引起芽眼提前萌发,上架时易被碰掉。但在有晚霜危害的地区应分两次撤除防寒物。

2. 上架

春季葡萄出土后,对于盛果期的树,应抓紧时间上架,以防上架过晚芽眼萌发碰掉芽体;对于幼树,由于整形需要,延长枝一般留得比较长,为了使芽眼萌发整齐,出土后可将枝蔓在地上先放几天,等芽眼开始萌动时再把枝蔓上架,并均匀绑在架面上,上架时间尽可能向后延迟一些,否则,上架过早易形成上强下弱,甚至造成中下部光秃的现象,使整形和产量受到影响。上架时葡萄枝蔓应按上一年的方向和倾斜度上架,并使枝蔓在架面上均匀分布。篱架枝蔓较短,上架较容易,棚架由于枝蔓长,上架应 2~3 人一组,逐

第六章 葡萄周年生产管理技术

渐将枝蔓放到架面上。上架后进入正常的生长期管理工作。

⚠️【注意】 不要弄断多年生老蔓，一旦折断，不仅影响产量，更新也困难。

3. 绑缚

绑缚枝蔓是实现冬季修剪的重要途径。葡萄上架后要及时对枝蔓进行绑缚。绑蔓的对象是主、侧蔓和结果母枝。主、侧蔓应按树形要求进行绑缚。扇形的主、侧蔓均以倾斜绑缚呈扇形为主；龙干形的各龙干间距50~60cm，尽量使其平行向前延伸；对采用中、长梢修剪的结果母枝可适当绑缚，除了分布要均匀外，还要避免垂直绑缚，一般可采用倾斜引缚、水平引缚或弧形绑缚（图6-1）3种方式，以缓和枝条的生长极性，平衡各新梢的生长，促进基部芽眼萌发。其他树形根据树体结构要求进行绑缚。

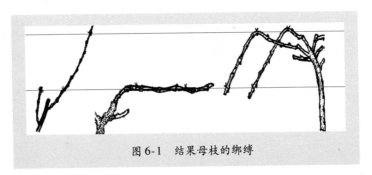

图6-1 结果母枝的绑缚

⚠️【注意】 将各主蔓尽量按原来的生长方向拉直，相互不要交错纠缠，并在关键部位绑缚于架上。

葡萄枝蔓绑缚时要注意给枝条留有增粗的余地，并在架上牢固附着，以免移动位置。通常采用"8"字形或"猪蹄扣"引缚（图6-2），可防止新梢与铁丝接触。绑缚材料要求柔软，经风、雨侵蚀在1年内不断为好。目前，多以塑料绳、马蔺、稻草、麻绳或地膜等材料绑缚。

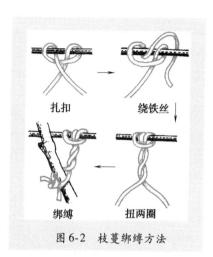

图6-2 枝蔓绑缚方法

扎扣　　　绕铁丝↓

绑缚　　　扭两圈

三 上架后萌芽前管理

1. 扒老皮、清园、修树盘

出土、上架、绑蔓以后，可及时刮除葡萄枝蔓老皮，彻底清理僵果、残枝、穗梗、落叶、杂草等，并带出园外深埋或集中烧掉，以消灭越冬病原和虫卵，然后耙平行间空地，修整好畦面。

2. 病虫害防治

在芽眼萌动后，鳞片破裂、呈现绒球状时，及时用5波美度石硫合剂（图6-3、图6-4）加0.3%洗衣粉或0.3%五氯酚钠溶液，或喷95%精品索利巴尔150～200倍液，或用800倍多菌灵等药剂全园喷洒，以防治枝蔓上及土壤中残存的越冬病虫。

图6-3 熬制石硫合剂

图6-4 喷石硫合剂

第六章　葡萄周年生产管理技术

葡萄
高效栽培

3. 土肥水管理

为保证芽眼的正常萌发和新梢的迅速生长，在芽眼萌动前应追施速效性化肥（彩图30）。施肥量视化肥种类而定，盛果期的树一般每亩施入尿素 20~25kg 或碳酸氢铵 35~40kg，配合少量的磷、钾肥，使用量占全年的 10%~15%，采用沟施或穴施均可，深度为 10~15cm，施肥后覆土盖严，幼树可少施；结合施萌芽肥，进行一次全园中耕，深度以 15~20cm 为宜。这样可以将地表上的病菌翻入地下，从而降低病虫害的发生和侵染概率，有利于提高土温，促进发根和养分吸收。施肥后浇一遍萌芽水，萌芽水一定要浇透，以促使化肥充分溶解发挥作用；几天后畦面地表见白时及时进行划锄，深3~5cm，1 周后再划锄一遍，黏重土壤一定要多划锄几次。有条件的地方可对畦面进行覆盖，覆盖材料有地膜、秸秆、稻草（彩图31）等，覆盖后能有效减少地面蒸发，抑制杂草生长，稳定土壤温、湿度等，同时有机覆盖物经分解腐烂后成为有机肥料，可改良土壤。但覆盖容易导致葡萄根系上浮，在北方地区冬季葡萄根系应加强防寒。生草栽培的土壤则不用进行耕作。葡萄园及周围作物使用除草剂时，注意除草剂种类的选择，避免造成除草剂伤害（彩图32~彩图34）。

第二节　萌芽、新梢生长期管理

萌芽、新梢生长期，时间虽短，但很重要。随着冬芽萌发，芽内的花序原基继续分化，形成各级分枝、花蕾、雄蕊和雌蕊等。此时维持树体生长发育的营养主要是所储藏的营养。因此，储藏营养的多少决定着当年花器官分化的质量、果品产量品质、前期叶幕的形成速度和第二年花序分化。在这一时期，通过观察新梢的伸长方式和结果母枝的状态等，可对树体的营养状态和生长势等进行诊断。栽培管理上保持健壮的树势是这一时期的重点。这一时期葡萄对肥水的需求量大，是奠定当年生长、结果的关键阶段。其生产任务是抹芽定枝、疏花序与花序整形、摘心、去卷须及副梢处理、及时追肥和控制早期病虫害。

1. 抹芽与定枝

抹芽是在芽已经萌动但尚未展叶时，对萌芽进行选择去留。定枝是抹芽的继续，当新梢长到 15～20cm，已经能辨别出有无花序时，对新梢进行选择去留。在葡萄生产中，抹芽与定枝是对新梢进行管理的第一步，是在冬季修剪的基础上对留枝量的一种调整，是决定果实品质和产量的一项重要作业。

（1）抹芽与定枝的目的　调整新梢生长方向和调节植株体内营养分配，以达到集中树体营养，减少营养消耗，使树体发芽整齐、生长健壮、花序发育完全、新梢生长一致、枝条分布合理、架面通风透光。

（2）抹芽与定枝的依据

1）要根据架面空间大小进行抹芽与定枝。稀处多留、密处少留、弱芽不留，欧洲种适当多留，欧美种和欧亚种适当少留。

2）要根据树势强弱进行抹芽与定枝。树势强的抹芽宜晚，抹芽数量要少，以分散养分，削弱树势；树势弱的抹芽宜早，抹芽数量宜多，以集中养分。

3）要根据修剪方式进行抹芽与定枝。短梢和极短梢修剪的树，抹芽宜少，长梢修剪的树可多抹芽和多疏枝。

4）要根据物候期进展、芽的质量、芽的位置等进行抹芽与定枝。在规定的留梢量上，留早不留晚、留肥不留瘦、留下不留上、留花不留空、留顺不留夹。

（3）抹芽与定枝的时期　抹芽一般分两次进行。第一次抹芽在萌芽初期进行；第二次抹芽在第一次抹芽后 10 天左右进行。定枝一般在展叶后 20 天左右，新梢 15～20cm，已经能辨别出有无花序时进行。

（4）抹芽与定枝的方法　抹芽与定枝必须根据品种、架式、树势、架面部位、架面新梢稀密程度、负载量等来确定。

第一次抹芽，主要抹除主干、主蔓基部的潜伏芽和着生方向、部位不当的芽，以及三生芽、双生芽中的副芽、弱芽、过密芽等（图 6-5），使每个节位上只保留 1 个健壮主芽。如棚架整形距地面

50cm 以下的芽，篱架整形距地表 30cm 以下的芽等。第二次抹芽，主要抹除萌芽较晚的弱芽、无生长空间的夹枝芽、靠近母枝基部的瘦弱芽、部位不当的不定芽等。

图 6-5　抹芽

⚠️ 【注意】　抹芽时一定要根据生长势等决定抹芽程度。

　　定枝时，疏除徒长枝、过密枝、过强枝、过弱枝、下垂枝、病虫枝等。对巨峰、峰后、藤稔等坐果率低的大叶型品种，新梢应适当少留，对红提、晚无核等坐果率高的小叶型品种新梢应适当多留。另外，不同长势的品种及采取的架式在定枝时所留的新梢数也不同（表 6-1）。

表 6-1　不同长势和架式的葡萄留梢数

长　势	强		中　庸		弱	
采用架式	棚架	篱架	棚架	篱架	棚架	篱架
留梢数/（个/m²）	8～10	10～13	12～15	15～20	20～25	20～25

　　对架面不同部位，枝条密处要多疏，稀处少疏，下部架面多疏，上部架面少疏。各地可结合实际情况灵活运用。强结果母枝上可多留新梢，弱结果母枝则少留，有空间处多留。一般中长母枝上留2～3个新梢，中短母枝上留1～2个新梢。定梢还应考虑到果园负载量，定梢定果后及时引绑固定，防止风折。

　　2. 疏花序与花序整形
　　疏花序与花序整形是葡萄生产过程中重要的技术环节，是保证生产优质果品的一项重要措施。管理的好坏直接影响着果园产量和果实品质。通过疏花序与花序整形可以使树体营养集中，负载量合理，果穗顺直，穗形美观，坐果率提高，果穗紧凑，果个增大，果粒大小均匀，果实着色一致。

（1）疏花序 一般品种在新梢达到20cm以上，花序露出后开始疏花序，到始花期完成。但疏花序还要考虑品种特点、树势的强弱、枝条质量、栽培管理水平及计划产量等因素。每一品种都有其适宜的树势，要在保证稳定树势的前提下进行疏花序。通常树势强、花序较大、花序多、又容易落花落果的品种如巨峰品种群，为避免增强树势，疏花序的时期可适当推后。对树势弱、花序小、坐果较好的欧亚种葡萄品种如红地球等，在新梢上能辨明花序的多少和大小时，就可以疏花序，疏花序越早越好，这样可以节约树体营养。

疏花序时，对大穗大粒型的品种原则上壮枝留1～2个花序，中庸枝留1个花序（图6-6），延长枝及细弱枝不留花序；对小穗品种可适当多留。疏花序时先疏弱树、弱枝，后疏旺树、旺枝，弱者多疏少留，强者少疏多留。选留的花序要大而充实，发育良好，疏去过多的花序和小而松散、发育不良、穗梗纤细的劣质花序。基部更新枝不留果，更新枝前端留结果枝。

图6-6 疏花序、去副穗

（2）花序整形 葡萄的花在形成过程中，发育质量不一致，中间的发育好，外围及下部的发育较差，为了减少花间的养分竞争，使花期一致、提高坐果率、果穗外形整齐一致，且便于包装、分级，应对花序进行整形，主要内容有去副穗、掐穗尖和整穗形等。

花序整形一般在花序分离以后、开花前进行，可在花前5～7天与疏花序同时进行。在花序分离以后，对花序较大、副穗明显的品种，应疏去副穗。对大中型花序的品种，如无核白鸡心、红地球、黑大粒、里扎马特、秋红、森田尼无核等，除了去副穗外，还应将花序的前端掐去 1/5～1/4，并对较长的小穗轴的穗尖剪去 1/4～1/2，使果穗自上至下呈圆锥形或圆柱形，穗轴长度保持 15～20cm，均匀分布 10～15 个小穗轴（图6-7）。对小型花序品种应根据花序情况适当掐去部分穗尖，保留花序中间的部分，一般不用去除小穗轴。

对巨峰等坐果率较低的品种，花序整形时，应先掐去全穗长 1/5～1/4 的穗尖，去除副穗，再从上部剪掉 3～4 个穗轴，保留下部花序小穗轴，使果穗紧凑，形成圆锥形或圆柱形果穗。对辽峰、藤稔、京亚等品种进行赤霉素无核化或膨大处理时，花序整形应仅保留花序顶端 3.5～4cm 的部分，坐果后再通过疏粒控制果穗在 500g 左右（图6-8）。否则容易造成果穗过大、松散、易落粒等不良后果。

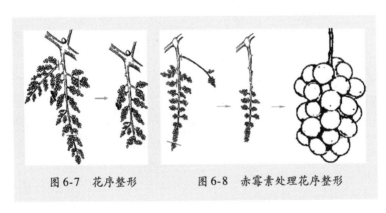

图 6-7　花序整形　　　　图 6-8　赤霉素处理花序整形

3. 摘心

又称打头、打顶、掐尖、打尖等，是把生长的新梢嫩尖连同数片幼叶一起摘除的一项作业。摘心的目的是暂时终止枝条的延长生长，减少新梢幼叶对养分、水分的消耗；促进留下的叶片迅速增大并加强同化作用。结果枝摘心可以把用于营养生长的养分分配给开花结果，以促进花序良好发育并提高坐果率。摘心能促进花芽分化，降低成花节位，增加枝蔓粗度，加速木质化。

（1）结果枝摘心　对于落花落果严重、坐果率低的品种实行早摘心少留叶，如玫瑰香、巨峰系品种等，一般在开花前 4～7 天开始至初花期进行摘心，对于提高坐果率的效果非常明显，摘心的程度，常以花序以上保留的叶片数为标准，一般在花序以上保留 3～5 片叶（图6-9）。对于坐果率高的品种如无核白鸡心、红地球、瑞必尔、黑大粒、藤稔、金星无核等品种实行晚摘心多留叶，早摘心容易造成超量结果现象，因此，结果枝的摘心在开花后即落果期进行，摘心程度可在花序以上保留 5～7 片叶。除此以外结果枝摘心还要考虑枝条的生长势，生长势强的果枝多留叶，生长势弱的果枝少留叶。

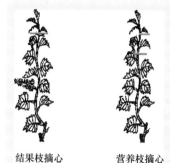

结果枝摘心　　　　　营养枝摘心

图6-9　摘心

（2）营养枝摘心　营养枝摘心根据生长期的长短而不同，除此以外，还要考虑品种特点、架面空间大小、新梢密度等因素。具体留叶片数可参考表6-2。

表6-2　营养枝摘心

生长期天数	降　雨	枝 条 长 势	留 叶 片 数
<150	—	细弱	6～7
		中庸	8～10
		强旺	10～12
150～180	—	细弱	8～10
		中庸	10～12
		强旺	12～14
>180	干旱	细弱	8～10
		中庸	10～12
		强旺	12～14
	多雨	细弱	10～12
		中庸	12～14
		强旺	14～16

（3）延长枝摘心　用于继续扩大树冠的延长枝，可根据当年预

计的冬剪剪留长度和生长期的长短适时进行摘心，生长期较短的北方地区应在8月上旬以前摘心，生长期较长的南方地区可以在9月上中旬摘心。摘心的适宜时期以使新梢在进入休眠之前能够充分成熟为宜。

4. 去卷须

卷须一般着生在叶的对面，在栽培条件下，卷须是无用器官，容易造成树体紊乱，影响枝蔓和果穗的生长，给栽培管理带来不便，同时卷须在生长过程中，也消耗养分和水分，因此，应在每次夏季枝梢处理时随手除去所有的卷须以节约营养、便于管理（图6-10）。

5. 副梢的利用与处理

副梢是指叶腋中的夏芽萌发的新枝，是葡萄植株的重要组成部分，生产上常利用副梢来加速树体的整形、培养结果枝组、进行二次结果等。对葡萄新梢进行摘心处理后，副梢很快萌发，如不及时处理会造成架面郁闭，影响架面的通风透光，增加树体的营养消耗，引发病虫害，不利于生长和结果。副梢及时处理可以增补主梢叶片不足，调节树势，增加光合产物积累，促进花芽形成等。生产上葡萄副梢处理因品种、地区和栽培条件而不同。

（1）结果枝上副梢的处理 花序以下的副梢全抹去；结果枝摘心后，花序以上顶端的1～2个副梢留3～4片叶反复摘心，其余副梢可进行"单叶绝后摘心"（图6-11）。

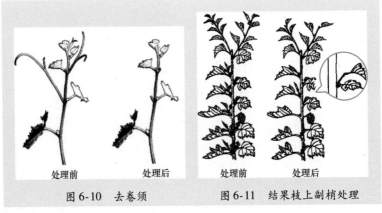

| 处理前 | 处理后 | 处理前 | 处理后 |

图6-10　去卷须　　　图6-11　结果枝上副梢处理

（2）营养枝上副梢的处理　营养枝上顶端的副梢可留 3 ~ 4 片叶反复摘心，其余副梢从基部全部抹去。

（3）延长枝上副梢的处理　延长枝上副梢可留 5 ~ 6 片叶摘心，用来培养结果母枝，其上发生的二次副梢，可留 1 ~ 2 个叶片反复摘心。

无论采用哪种方法，原则上都必须保证结果枝具有足够的叶面积，以保证浆果产量与质量。一般认为，每个结果枝上需保持 14 ~ 20 片正常大小的叶片。

二　使用生长调节剂

1. 使用花序拉长剂

坐果好并且果穗极紧密的品种，使用花序拉长剂有利于花序整形并减少疏果用工（彩图 35），如红地球、无核白鸡心等。坐果好、花序较小的品种，使用花序拉长剂可以增加穗重，提高产量。不适宜花序拉长的品种有坐果差的品种、坐果比较好但新梢生长旺盛的品种。

花序拉长剂的使用一般在萌芽后 20 天、开花前 7 ~ 15 天、新梢 6 ~ 7 片叶时，用 5mg/kg 的赤霉素或美国奇宝对花序进行浸蘸或喷施（图 6-12）。花序拉长程度与使用时期有关，使用早花序拉长得大，使用晚花序拉长得不明显。因此，要根据使用时期调整使用浓度。使用花序拉长剂后要注意防治灰霉病和穗轴褐枯病，并采取保果措施和控制产量。

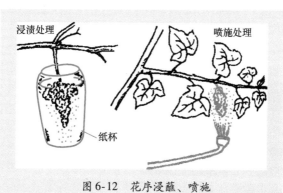

浸渍处理　　　　　　　喷施处理

纸杯

图 6-12　花序浸蘸、喷施

2. 使用葡萄无核剂

葡萄无核化处理就是通过良好的栽培技术和无核剂处理相结合，使原来有籽（种子）的葡萄果实内种子软化或败育，使之达到大粒、早熟、无籽、丰产、优质、高效的目的。无核化处理是目前葡萄生产上应用较普遍的一项技术。其技术要点如下。

（1）选好对象　无核剂应提倡在壮树、壮枝上使用，并以良好的土肥水管理和树体管理为基础，果穗应整理成果粒紧密程度适当的穗形。

（2）掌握时期和浓度　目前使用的无核剂主要成分是赤霉素，其无核效果与药剂浓度及使用时期关系较大，且不同品种间敏感差异度很大。根据各地的试验结果，使用时期为开花前 15 天到花后 15 天，分两次处理。具体时间选晴朗无风天气用药，为了便于吸收和使药剂浓度稳定，最好在清晨 8：00 ~ 10：00 或下午 3：00 ~ 4：00 喷药、蘸药。若使用后 4h 内下雨，雨后应补施 1 次。药剂含量范围较大，为 10 ~ 200mg/kg。

（3）注意方法　一是使用前仔细阅读产品说明书，并先进行试验再大面积应用，否则会出现穗轴拉长，穗梗硬化，容易脱粒、裂果等现象，造成不应有的损失；二是赤霉素不溶于水，需先用酒精或白酒溶解再兑水稀释；三是通常采用浸蘸或喷布花序的方法使用葡萄无核剂。

三　土肥水管理

1. 土壤管理

从萌芽到开花期间，一般不进行全园翻耕，结合追肥局部挖施肥沟、施肥穴对土壤进行翻土。根据当地气候条件、灌水、杂草生长情况结合除草进行中耕。在杂草出苗期和结籽前进行除草效果更好。中耕深度一般为 5 ~ 10cm，里浅外深，尽量避免伤害根系。规模较大的果园可采用小型旋耕机或割草机进行中耕除草。

2. 施肥

在幼叶展开、新梢迅速生长时，为缓和营养生长与生殖生长的矛盾，可根据树势情况开沟追施 1 ~ 2 次复合肥和氮肥。但对树势旺的植株，不再追氮肥。幼叶展开后可每隔7～10天叶面喷肥1次，缺锌或缺硼严重的果园，在开花前2～3周喷数次锌肥或硼肥，常用0.2%磷酸二氢钾加0.2%硼酸或0.2%～0.3%尿素加0.2%硼酸，以利于正常开花受精和幼果发育。

3. 灌水

在萌芽前灌水的基础上，北方地区若天气干旱，土壤含水量少于田间最大持水量的60%时就需要灌水。一般结合追肥进行灌水。当新梢长至10cm以上时可进行灌溉，以利于加速新梢生长和花器发育，增大叶面积，增强光合作用。之后视天气状况，干旱季节每隔10～20天浇1次小水。

四 病虫害防治

葡萄萌芽期应防治绿盲蝽（彩图36、彩图37）、瘿螨等虫害。在早春及时清除地边、果园、沟内的杂草，集中深埋或烧毁，防止越冬卵的孵化。葡萄萌芽期，喷20%氰戊菊酯1500倍液加20%吡虫啉2000倍液。根据绿盲蝽的生活习性，防治时要大面积集中用药统一防治，喷药时间最好在傍晚，以取得较好的除治效果。同时，利用其成虫的趋光性，可在成虫发生期统一采用黑光灯诱杀成虫，以减少卵的基数。新梢生长至开花前后，尤其在疏花序与花序整形后及时喷药保护伤口，防治穗轴褐枯病（彩图38）、黑痘病、白腐病、灰霉病、霜霉病（彩图39）等病菌侵染，可用多菌灵800倍液，80%大生M-45可湿性粉剂800倍液，甲基托布津、甲霜灵1000倍液，20%甲氰菊酯2000～2500倍液等防治。生长季使用农药要严格按照农药使用说明和规程操作，避免农药使用不当造成药害（彩图40、彩图41）。

第三节　开花坐果期管理

开花坐果期又分为开花期（彩图42）、坐果期、落果期，一般持续10～20天。此期由于开花坐果、新梢生长和花芽分化同时进行，是葡萄生产中最关键的时期，如果栽培措施不当会造成葡萄大量落花落果，从而影响生产。

【知识窗】　　　　**葡萄落花落果原因**

1. 遗传原因

巨峰胚珠异常是大量落花落果的遗传因素之一。

2. 储藏营养不足

开花期是树体营养的临界期，如果上一年树体营养储藏不足，满足不了当年新梢生长和开花坐果需求，就会影响授粉受精，造成落花落果。

3. 营养分配不当

开花坐果期营养生长过旺，消耗了大部分营养，导致花序养分不足，加剧落花落果。

4. 气候异常

低温、干旱、大风、阴雨等异常气候条件，影响花器官分化，破坏正常授粉受精进程，容易导致大量落花落果。

5. 栽培管理失误

上一年负载量过大、早期落叶等造成树体营养储藏不足。当年新梢管理不到位，抹芽、摘心晚，导致营养浪费。

葡萄开花坐果期主要作业内容有以下几个方面。

一　树体管理

新梢长到 40 ~ 50cm 时及时进行绑缚，使其均匀分布于架面，改善架面通风透光条件。继续进行定枝、摘心、去卷须、副梢处理等工作，以控制营养生长。加强花序管理，继续进行疏花序、花序整形，调节营养生长和生殖生长的关系。

二　土肥水管理

开花坐果期一般不对土壤进行大范围的翻耕，并禁止灌水。花期叶面喷 0.3% 的硼砂和磷酸二氢钾，以促进花粉管伸长、提高坐果率。缺锌严重的果园，在花前 2 ~ 3 周，应每隔 1 周叶面喷施 1 次锌肥，以利于正常开花受精和幼果发育。

三 应用生长调节剂

1. 使用保果剂

葡萄生理落果前使用低浓度赤霉素、膨大剂等处理果穗可以有效减少落果。保果剂使用时期为早开花的花序已经开始生理落果时,未进入生理落果期不宜使用。使用太早坐果多增加疏果工作量,太晚起不到保果的作用。使用方法为花穗浸蘸或微喷雾。使用保果剂后必须进行疏果。

2. 使用果实膨大剂

葡萄果实膨大剂是一种新型、高效的植物生长调节剂,能有效促进坐果和果实膨大,尤其是对无核葡萄膨大效果更加明显。膨大剂处理一般在盛花后 5~7 天进行。以阴天或晴天下午 4:00 以后为宜,将药液按照说明书配成一定浓度后,将果穗浸蘸 3~4s 即可,然后抖落果穗上的多余药液,以免形成畸形果。由于不同的膨大剂对不同的品种处理效果不同,因此一定要按照说明书进行用药,注意使用时期、使用浓度和使用次数,以防造成果梗硬化导致落果。不同品种使用方法可参考表 6-3。

表 6-3 植物生长调节剂在葡萄果实上的使用

品　种	药　剂	剂量 /(mg/kg)	使用时期	主要作用
先锋、巨峰、京亚、藤稔等	美国奇宝	25	开花前 10 天	促进坐果 拉长花序 促进无核 增大果粒 促进早熟
		50	盛花末期至盛花后 5 天	
		50	第二次用药后 10 多天	
	赤霉素	25~50	盛花前 5~10 天	促进坐果 促进无核 促进早熟
			盛花后 5 天	
	赤霉素 + 促生灵	25	盛花前 5~10 天	促进坐果 促进无核 促进早熟
		15	盛花后 5 天	
	赤霉素 + 链霉素	25	开花前 2~3 天	促进坐果 促进无核 促进早熟
		100	落花后 2~3 天	

（续）

品　　种	药　　剂	剂量 /(mg/kg)	使 用 时 期	主 要 作 用
红地球	美国奇宝	5	开花前 12 天	拉长花序 疏除弱化 增大果粒 增加糖度
		25	盛花末期至盛花后 5 天	
		50	第二次用药后 10 多天	
玫瑰香	赤霉素	25	开花前 5 天	促进无核 增大果粒 促进早熟
		50	落花后 5 天内	
		50	再间隔 15 天	
金星无核	赤霉素	100	盛花末期	拉长花序 增大果粒
			盛花后 10～15 天	促进早熟
无核白鸡心	赤霉素或 美国奇宝	20	盛花末期	拉长花序 增大果粒
		40	盛花后 10～15 天	促进早熟

第四节　果实发育期管理

果实发育期一般为 35～110 天。这一时期是树体生长发育过程中最长的时期，植株营养生长加速，果实生长最快，花芽继续分化，营养物质消耗最多，矛盾突出，故生产任务较重。此期的生产任务是提高树体营养水平，改善通风透光条件，及时控制新梢生长，集中防治病虫，促进果实发育。主要作业如下。

一　新梢管理

果实发育期新梢和副梢生长旺盛，除了摘心外还要及时做好绑蔓、去卷须、副梢处理等工作，并保持架面通风透光，以促进枝蔓生长和成熟。在果实转色后营养生长过旺，会夺取果实的养分，进一步影响品质，这一时期要摘掉衰老叶片，以促进果实着色。对于日灼严重的品种，应在果穗附近多留叶片防止日灼（彩图43）。

1. 抖穗与顺穗

（1）抖穗　在落花后 1 周左右，疏果前对每个果穗进行一次抖穗，用手指捏住穗轴，左右摇动果穗，使花冠、未授粉受精、发育不良的果粒等抖落，以免病菌感染。

（2）顺穗　为便于整穗形，疏粒，药剂处理，套袋和果粒、果穗生长，应将朝天穗，夹在枝条、叶柄、绳索及铁丝之间的果穗，全部顺到架面下，使其呈自然下垂状。

2. 定果穗

在疏花序的基础上于开花后进行定果穗，以达到减少营养消耗、控制产量、提高品质、增强抗病力、促进枝条发育的目的。定果穗应根据品种特性、目标产量、负载能力、栽培管理技术等来决定。

定果穗一般在坐果后（果粒如绿豆大小时）进行，越早越好。花后定穗一般要进行 1~2 次。考虑到各种损失，葡萄单位面积的果穗数＝单位面积的产量÷（平均穗重×1.2）。一般品种产量指标每亩控制在 1500~2000kg。每株留穗量＝单位面积的果穗数÷单位面积株数。在保证预定留穗数的前提下，保留坐果好的大果穗，疏去坐果松散、穗形较差的果穗。

3. 疏粒

疏粒是在花序整形的基础上调节结果的又一重要措施。其目的是控制每个果穗的大小和果粒数，使果穗外形整齐一致、松紧适度，使果粒在穗轴上排布均匀、大小一致，使果实着色、成熟一致，防止果穗过紧引起的裂果、落粒，提高果实品质，便于果穗分级、包装、储运。

在果实长至绿豆大小时即进行第一次疏粒，果粒达黄豆粒大小时，进行第二次疏粒定量。但对于一些易形成无核小果的品种应在能分辨小果无核时进行。例如，巨峰要求在盛花后 15~25 天完成疏粒，玫瑰露要求在花后赤霉素处理后立即进行。但所有的品种通常要求在盛花后 30~35 天完成。疏粒的方法有三种，分别为疏除小穗轴、疏除果粒和疏除小穗轴＋果粒（图 6-13）。

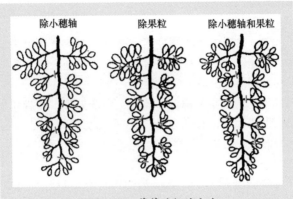

除小穗轴　　　　除果粒　　　除小穗轴和果粒

图 6-13　　葡萄疏粒的方法

　　由于不同品种留果粒数及穗重标准不同，生产上应根据品种特性、品种成熟时的标准穗重、穗形等进行疏粒。一般小穗重 500g 左右，保留 40~50 粒，中穗 750g 左右，保留 50~80 粒，大穗 1000g 左右，保留 80~100 粒。为了防止意外风险，如病虫果、裂果、缩果等损失，还需增加 20%~30% 的果粒作后备。疏果标准可参考表 6-4。

表 6-4　　不同品种每个果穗留果量与果实品质

品　　　种	每穗果粒数/个	平均单穗重/g	平均单粒重/g	含　糖　量
牛奶	80~90	500	6	13%~14%
玫瑰香	70~80	350 以上	5	16%~17%
乍娜	50	300	6	15%~16%
巨峰	80~90	350 以上	10	15%~17%

　　疏粒时，首先疏除受精不良果、畸形果、病虫果、日灼果、有伤的果粒。其次，疏去外部离轴过远向外突出的果。然后，疏除过小、过大、过密、过紧、相互挤压及无种子的果。留下果粒发育正常，果柄粗长，大小均匀一致，色泽鲜绿的果粒；最后，将果穗摆顺。疏果粒时要细心，以防剪刀损伤留下的果粒或果穗。

4. 增大果个

坐果后 15 天，根据品种对果穗喷布 1~2 次赤霉素（或美国奇宝）或葡萄果实膨大剂，促进果肉细胞体积膨大，增大单细胞体积，从而达到增大果粒的目的。

5. 抠烂粒

果实生长期如果夏剪不及时，果园郁闭、通风透光不良、管理不当或遇到气候潮湿、雨水过多、土壤和空气相对湿度过大的天气条件时，常会使葡萄果粒遭受病菌侵染或裂果导致腐烂，如果不及时抠除烂粒就会加速病害的传染和蔓延。因此，在整个果实生长期要密切观察果穗上有无烂粒，发现后立即抠除。

6. 果实套袋、摘袋与转果

（1）果袋的选择　葡萄套袋应根据各地区的气候条件、品种、果穗大小、果实颜色等选择适宜的葡萄专用果袋。一般要求果袋材料经过驱虫防菌处理、质地轻、透光率高、透气性好、不透水且耐风雨侵蚀，对果实增大无不良影响。果袋的规格要根据穗形大小来选用，一般有 175mm×245mm、190mm×265mm、203mm×290mm 等几种类型，袋的上口侧附有一条长约 65mm 的细铁丝作封口用，底部两角各有一个气孔。

（2）套袋的时间　套袋一般在谢花后 2 周，果实坐果稳定、整穗及疏粒结束后（幼果黄豆大小）及时进行，越早越好，以防早期病菌侵染和日灼。套袋应在上午 10：00 以前或下午 4：00 以后进行。遇到雨后高温天气或阴雨连绵后突然放晴的天气，一般要经过 2~3 天，待果实稍微适应高温环境后再套袋。

（3）套袋前的准备　在疏粒结束后，套袋之前，果园应全面喷布一遍杀虫、杀菌剂，可喷复方多菌灵、退菌特、百菌清、甲基托布津、代森锰锌或石灰半量式波尔多液等。防止病虫在袋内危害，重点喷布果穗，待药液晾干后即可开始套袋。喷药后 2 天内应套完，间隔时间过长果穗容易感病。

（4）套袋的方法　先将袋口端 6~7cm 浸入水中，使其湿润柔软，便于收缩袋口，提高套袋效率。套袋时，先用手将纸袋撑开，使纸袋鼓起，并打开袋底两端的出气孔，以防积水和不透气。然后由下往上将整个果穗全部套入袋中，再将袋口从两边向中间折叠收缩到穗柄上，使果穗悬空在袋中，用封口铁丝将袋口扎紧扎严

（图6-14、彩图44），防止害虫及雨水进入袋内。在铁丝以上要留有1~1.5cm的纸袋，套袋时严禁用手揉搓果穗。套袋的劳动量一般每人每天为1000~2000个。

（5）套袋后的管理 葡萄套袋后要定期检查套袋情况，解开袋口检查病虫果情况，及时采取补救措施。重点是防治好叶片病虫害如叶蝉、黑痘病、炭疽病、霜霉病等。对康氏粉蚧、茶黄蓟马及牧草虫等容易入袋危害的害虫要密切观察，危害严重时可以解袋喷药。

图6-14　葡萄套袋

三　土肥水管理

1. 土壤管理

果实发育期间应根据土壤及杂草生长情况及时进行中耕，保持土壤通气良好、增加土壤有机质。通常灌溉后和大雨后要中耕，深度为3~4cm，里浅外深。也可以在葡萄行间种苜蓿、草木樨、三叶草等，在适当的时间进行刈割，割下的草对果园进行覆盖。

2. 施肥

果实发育期是植株需肥最大的时期，从坐果到果实成熟一般需追肥2~3次。分别于花后和果实膨大期进行。花后肥于落花后1周进行，每株追施尿素0.1~0.2kg，硫酸钾型复合肥0.1~0.3kg，施后浇水。果实膨大肥在果实迅速膨大期进行，注意氮、磷、钾肥的配合，有条件的可配施腐熟的饼肥。另外结合喷药进行叶面喷肥。坐果后，每10天喷1次0.2%~0.3%的磷酸二氢钾，连续喷施3~4次，对提高果实品质有明显作用。还可喷钙、锰、锌等叶面微肥。叶面喷肥的种类和次数可根据植株需肥情况而定。

3. 灌水

（1）幼果膨大水 幼果膨大期，植株的生理机能最旺盛，是葡萄的需水临界期。应每隔10~15天灌水1次，如果降雨较多，可以不灌或者少灌。保持田间持水量75%~85%，可避免裂果。

（2）**浆果着色水** 浆果着色初期正值浆果第二次膨大期，在无充分降雨的情况下应灌一次透水，最好能维持到果实采收前不再灌水。

四 病虫害防治

果实发育期重点防治黑痘病、白腐病、炭疽病、霜霉病、褐斑病、白粉病、螨类、叶蝉、十星叶甲、透翅蛾等。于落花后、坐果后、套袋前各喷一次杀菌剂，果实套袋后，每 12～15 天喷 1 次杀菌剂，保护叶片。坐果后可使用波尔多液等保护剂预防，每 12～15 天喷 1 次，共喷 2～4 次。发病后可使用多菌灵、百菌清、退菌特、代森锰锌、粉锈宁、甲基托布津、杜邦克露、杜邦福星、杜邦抑快净、烯酰吗啉、烯酰·锰锌、阿维菌素、高效氯氟氰菊酯等防治。以上药剂应交替使用。

第五节 果实成熟期管理

葡萄浆果成熟时期因地区和品种不同。我国北方葡萄成熟期为 7 月下旬至 10 月下旬，一般品种为 8～9 月。通常浆果从着色开始到完全成熟需 20～30 天，此期间的特点是：果粒不再明显增大，浆果变得柔软，富有弹性，而且有光泽，白色品种果皮逐渐变成透明，并表现出本品种固有色泽，如金黄色或白绿色，有色品种开始着色，营养物质迅速积累和转化，果实糖分积累增加，酸度减少，芳香物质形成增多，风味形成。

中晚熟品种在成熟期前后新梢逐渐木质化，花芽继续分化，植株地上部分的有机营养物质开始向根部运输。此期的生产目标是：改善光照条件，控制水分，防止后期徒长，防治病虫，保护叶片，提高浆果品质。主要任务有追肥、控水、除袋增色、催熟防落、病虫害防治、采收等。

第六章 葡萄周年生产管理技术

一 树体管理

1. 摘袋

（1）**摘袋时期与方法** 摘袋时间应根据品种、果穗着色情况以及纸袋种类而定。一般着色品种在果实进入着色成熟期，即采收前10~15天去袋，以增加果实受光率，促进果实上色成熟，也可以通过分批去袋的方法来达到分期采收的目的。无色品种套袋后可带袋采收。葡萄去袋时，不要将果袋一次性摘除，应先把袋底打开，撑起呈伞状，过几天后再全部摘去，以防日灼。去袋时间宜在晴天的上午10∶00以前或下午4∶00以后进行，阴天可全天进行。

（2）摘袋后的管理 葡萄去袋后一般不必再喷药，但须注意防止金龟子等病虫危害。去袋后可剪除果穗附近遮光的衰老叶片和架面上的过密枝蔓，以改善架面的通风透光条件，减少病虫危害，促进果实着色，但需注意摘叶不可过多、过早。一般以架下有直射光为宜。摘叶不要与去袋同时进行，而应分期分批进行，以防止发生日灼。摘袋后根据果穗着色情况对果穗转动一两次，以使果穗着色均匀，果粒全面着色。

2. 催熟与防落

在葡萄开花前后使用赤霉素处理可以使葡萄提早成熟。在葡萄果实开始上色时用250~300mL/L的乙烯利喷布果穗可以使葡萄提早1周成熟。对植株进行环剥也可以使葡萄提早成熟。

采收前7天喷NAA、2，4，5-TP［2-（2，4，5-三氯苯氧）丙酸］或4-CPA，可防止形成离层，减少落粒。

3. 果实采收

（1）采收前的准备 葡萄采收前，必须做好各项准备工作，如劳动力的安排，采收工具、包装用品、运输机械的检查与维修，调查全园各区品种生长成熟期情况及估产、市场调研、广告宣传、销售、储藏保鲜等。

（2）采收时期的确定 葡萄的采收时期应根据用途、品种、气候条件等来确定。果实成熟度可以根据果皮的颜色、果肉硬度、果实糖酸含量、肉质风味等判断。鲜食品种应该在达到该品种特有的色、香、味时采收。酿造品种一般根据不同酒类所要求的含糖量采收，当该品种果实达到酿酒所需要的含糖指标、色泽风味，呈现该品种固有特性时即可采收；制汁、制干品种要求含糖量达到最高时采收。采收应在晴朗的早晨露水干后或傍晚进行，避开雨后或炎热天气采收。

（3）**采收方法**　采收时一手捏住穗梗，一手用剪刀紧靠枝条将果穗剪下。采下的葡萄要轻拿轻放，尽量不擦掉果粉，避免碰伤，并用疏果剪去掉病、虫、小、青、烂、残、畸形果等。随即装入果筐，然后分级包装。采下的葡萄放在阴凉通风处，切忌日光下曝晒。整个采收工作要突出"快、准、轻、稳"。"快"就是采收、装箱、分选、包装等环节要迅速，尽量保持葡萄的新鲜度。"准"就是分级、下剪位置、剔除病虫果粒等要准确无误。"轻"就是轻拿轻放，尽量保持果穗完整无损。"稳"就是采收时果穗要拿稳，装箱时要放稳，运输、储藏时果箱要摞稳。

二　土肥水管理

1. 成熟前追肥

从着色期到成熟期，浆果进入第二生长高峰，这一时期要控制氮肥，增施磷肥、钾肥。可在开始着色期每亩施磷肥 50kg、钾肥 30kg，浅沟或穴施均可，施肥后覆土灌水。果实成熟期连续喷 2~3 次氨基酸钙以提高耐储运性。

2. 采前控水

浆果进入全面着色后，为提高果实品质，一般不再进行灌水，但在降雨很少、土壤含水量很低时，也应适量灌水。

三　病虫害防治

从果粒着色开始，白腐病、炭疽病、霜霉病、褐斑病可能同时发生，应密切注意，特别注意下部果穗发生白腐病。对 4 种病害均有效果的药剂有代森锰锌 600~800 倍液。对白腐病、炭疽病有效的有福美双 600~800 倍液，50% 退菌特 600~800 倍液。对白腐病、炭疽病、霜霉病有效的药剂有瑞毒霉、瑞毒锰锌、百菌清、多菌灵等的 600~800 倍液，及甲基托布津 800~1000 倍液。以上杀菌剂应交替使用。

第六章
葡萄周年生产管理技术

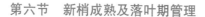

第六节　新梢成熟及落叶期管理

本期从葡萄采收后到落叶为止。果实采收以后，叶片的光合作用仍在继续，新梢自下而上不断充实并木质化，根系进入第二次生长高峰。随着气温的下降，叶片的光合作用逐渐转弱直到停止；叶色由绿转黄，叶柄产生离层，相继脱落，为越冬作准备。这一时期管理的好坏直接影响葡萄枝蔓的成熟度、越冬抗寒性、花芽分化质量、营养物质储藏的多少以及第二年的长势、开花结果、产量和品质等，进而影响生产。因此，必须加强葡萄的采后管理，使树势迅速恢复，枝梢健壮，防止早期落叶，积累更多的养分。

一 树体管理

在做好前期修剪的基础上，继续进行摘心、除副梢、去卷须等工作，疏除过密枝、细弱枝、病虫枝，摘除病害严重的叶片等，改善通风透光条件，减少养分消耗，调节树体养分流向，促进芽眼饱满老熟，防止叶片过早脱落、枝蔓徒长。

二 土肥水管理

1. 喷叶面肥

葡萄采果后，可结合防治病虫害喷施叶面肥恢复树势，增强叶片的光合能力，每10天左右喷洒1次0.2%的尿素+0.2%的磷酸二氢钾等叶面肥，连喷2~3次。

2. 秋施基肥

结合秋施基肥进行深翻改土。基肥在葡萄采收后及早施入，通常用腐熟的有机肥，如厩肥、堆肥等作为基肥，每亩用有机肥2000kg以上，混入尿素15kg，过磷酸钙20kg，硫酸钾20kg，也可用等量复合肥，充分混合后，开沟或挖穴施入（图6-15）。施肥沟与行向平行，距离植株50~120cm，深40~60cm，宽40~50cm。结合施基肥，灌水一次，以促进肥料分解，提高树体养分积累。秋旱或冬旱应及时灌溉，以保持适宜的土壤湿度。雨水多时要及时排水。

三 病虫害防治

葡萄采收结束后，应将修剪下来的枝条、病果、病穗、病叶和病枝以及园中的杂草等清除出园，并进行深埋或烧毁，有利于降低园内病虫越冬基数，减少第二年病虫害发生概率。仍要继续抓好对霜霉病、白粉病、白腐病、褐斑病等多种病害的防治，防止叶片早期脱落，促进树体养分的积累。

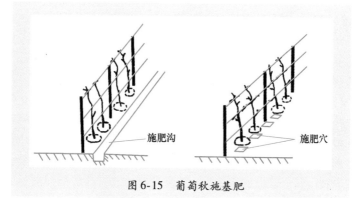

图 6-15　葡萄秋施基肥

第七节　休眠期管理

一　休眠期修剪

休眠期修剪的目的是调整树体结构，调节生长与结果，防止结果部位外移，保持树势生长健壮，促进葡萄优质、丰产、稳产、高效。

1. 修剪的时期

休眠期的修剪从葡萄落叶后开始，到第二年春季伤流期之前均可进行。我国北方地区冬季葡萄需要埋土防寒，休眠期修剪通常在落叶后到土壤封冻之前进行。

2. 修剪的方法

（1）短截　根据留芽的多少，短截可分为极短梢修剪、短梢修剪、中梢修剪、长梢修剪、超长梢修剪五类（表 6-5）。短截时剪口下枝条的粗度一般应在 0.6cm 以上，剪口要平滑，且距离剪口下芽眼 3~4cm，以防剪口风干影响芽眼萌发。

表 6-5　葡萄不同短截类型留芽数量

短 截 类 型	极 短 梢	短 梢	中 梢	长 梢	超 长 梢
留芽数/个	1~2	3~4	5~7	8~12	>13

(2) 疏剪 当葡萄枝蔓的密度过大、枝条受到伤害、枝条位置方向不适合时，就要考虑疏除一部分枝蔓。去留的原则可概括为"六去六留"，即去远留近、去双留单、去弱留强、去老留新、去病残留健全、去徒长留壮实。疏枝应从基部彻底除掉，伤口不要过大，不留桩。多年生枝疏剪一般较少应用，只有在更换骨干枝和骨干枝太多时才会应用。

(3) 缩剪 一般多用于成龄树和老龄树，主要是用来防止结果部位外移、更新、调节树势和解决光照。多年生弱枝回缩修剪时，应在剪口下留强枝，起到更新复壮的作用。多年生强枝回缩修剪时，可在剪口下留中庸枝，并适当疏去部分超强分枝，以均衡枝势，削弱营养枝生长，促进成花结果。缩剪同时也具有改善架面通风透光条件的功能。缩剪在骨干枝受到损伤、结果过多、株间过密时应用较多。

3. 葡萄结果母枝的修剪

结果母枝的剪留长度应根据品种特性、架式、整枝方式、环境条件、栽培技术、树势、枝条质量等因素来决定。

棚架龙干形整枝常采用以短梢修剪为主，中、长梢修剪为辅的修剪方法；篱架常采用长、中、短梢混合修剪方法。容易成花、成花节位低的品种，以中、短梢修剪为主；不容易成花、成花节位高的品种，以中、长梢修剪为主。干旱和土壤贫瘠的地方，以短梢修剪为主；土肥水条件较好的地区，宜采用以短梢为主的混合修剪方法。枝条粗、生长势强、成熟度好的适当长剪；枝条细、成熟不好、生长势弱的可以适当短留。用作扩大树冠的延长枝可采用中、长梢修剪，预备枝宜短梢修剪。枝蔓稀疏、架面有空间的地方可以适当长留；对于夏季修剪较严格的可以短剪，对放任生长的新梢宜长留。

4. 葡萄结果枝组的配备与更新修剪

(1) 结果枝组的配备 结果枝组是具有 2 个及 2 个以上结果母枝的结果单位。结果枝组在同一骨干蔓上的距离，在短梢修剪情况下应保持 20 ~ 30cm，在中、长梢修剪情况下应扩大到 30 ~ 40cm。小枝组可以近些，大枝组远些，从而使枝组间和枝组内都能保证通风透光。

（2）枝组内更新 枝组内更新修剪分单枝更新和双枝更新两类。

1）单枝更新（图6-16）：即冬季修剪时不留预备枝，只留结果母枝。在结果母枝上同时考虑结果和更新。第二年冬剪时再从基部选择发育好的当年枝短截作为下一年的结果母枝，其余的枝全部去掉。

图6-16 单枝更新

2）双枝更新（图6-17）：即进行一长一短修剪。上部枝作结果母枝，适当长留，一般采用中、长梢修剪，留4~8个芽；下部枝作预备枝，适当短留，一般采用短梢修剪，留2~3个芽。第二年冬剪时，去掉原来的结果母枝，预备枝留下2条枝蔓，继

图6-17 双枝更新

续进行一长一短修剪，循环往复。这样可以减缓结果部位外移，使植株保持健壮生长和较强的结果能力。采用此种方法培养更新枝比较可靠，能保证每年获得质量较好的结果母枝。适用于发枝力弱的品种。

（3）结果枝组的更新 随着结果枝组年龄的增长和每年的修剪，结果部位逐渐外移，剪口增多，枝组老化，结实力下降，甚至失去结果能力。这时应对枝组进行更新。具体做法是：逐渐有计划地回缩老结果枝组上的结果母枝或者将老枝组从基部疏除，刺激主、侧蔓上或枝组基部的潜伏芽萌发，从潜伏芽发出的新梢中选择位置合适的进行枝组的培养。

5. 不同年龄阶段树的修剪及更新

尚未完成整形任务的幼树，冬季修剪时以培养树体结构为重点，

连续培养主、侧蔓和结果枝组。延长蔓可根据需要适当长留。盛果期树，冬季修剪的重点是调整和更新结果枝组，平衡枝势，控制结果部位，并通过转主换头、选留预备枝等方法保持主、侧蔓的生长势。衰老期树，冬季修剪时应及时在生长健壮的枝蔓处回缩更新，或者从基部萌蘖中选择合适的枝条预先培养，使其成长为新蔓，冬剪时再逐步去掉需更新的老蔓，以新蔓取而代之。

二 下架

冬季葡萄修剪完之后，将园内的枯枝、落叶等清扫干净。然后将葡萄枝蔓顺着行向朝一个方向下架（边际几株倒向相反），下架时葡萄枝蔓尽量拉直，不得有散乱的枝条，一株压一株，把枝蔓平放于地面、顺直、捆扎。弯曲大的或跷高的，应因势利导，尽可能使其压平固定，并在下部（包括根颈处）垫枕土，防止压断。要求下架高度适中、捆绑结实。

三 埋土防寒

在土壤封冻前对葡萄枝蔓进行适时晚埋。埋土过早，一方面，植株得不到充分的抗寒锻炼，容易遭受冻害；另一方面，地温尚高，湿度也大，微生物活跃，芽眼易腐烂。埋土过晚，土壤上冻后取土困难，也埋不严实，影响防寒效果，而且过晚易使植株遭受冻害。

埋土防寒时先在枝蔓上盖一层草帘等覆盖物，使葡萄枝蔓位于覆盖物中间。然后将枝蔓两侧用土挤紧，防止覆盖物滑动。最后上方覆土，边覆土边拍实，覆盖要严实，防止漏风。覆土厚度为当地冬季地温 −5℃ 的土层深度，宽度为 1m 加上 2 倍的覆土厚度。取土部位，要远离根系，取土沟的内壁距离防寒土堆外沿 50cm 以上，防止根系受冻。要求取土后形成的沟要直，深浅一致（图6-18）。

> 【提示】 葡萄生产是一个连续的动态管理，任何一个环节的失误都可能对最后的产品造成一定的影响。因此，抓好每个阶段的工作，把每一项技术做细、做认真，才能生产出优质的果品，从而取得好的经济效益。

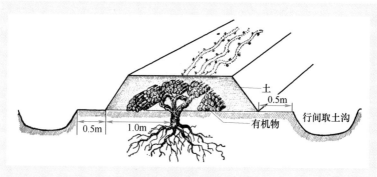

图 6-18　葡萄埋土防寒

—— 第七章 ——
葡萄的储运、加工与营销

第一节　葡萄的分级、包装、预冷与运输

一　葡萄的分级

1. 分级的意义

葡萄采收后需要经过一系列的商品化处理才能进入流通、消费领域，最终用于消费。其中分级是采收后商品化处理的第一步，通过分级可以降低产后果品损耗，便于包装、运输、储藏，提高葡萄的商品性，实现优质优价，提高市场竞争力。

2. 分级前的果穗修整

为便于葡萄分级，提高葡萄档次，在葡萄采收时应先对果穗进行清理，通过目测检查，将果穗中病、虫、青、小、残、畸形的果粒选出并剪除。采收后对穗形进行一次修整，对超长、超宽和过分稀疏果穗进行适当分解修饰，达到穗形整洁美观。果穗修整应与分级结合进行，即由分级工边整修、边分级，一次到位。

3. 分级标准

葡萄分级的主要项目有果穗形状、大小、整齐度；果粒大小、形状、色泽；有无机械伤、药害、病虫害、裂果；可溶性固形物和总酸含量等。目前，鲜食葡萄分级有国外标准、国家标准、行业标准、地区标准及品种标准等。

（1）CAC标准　CAC标准是国际食品法典委员会制定的被世界各国普遍认可的食品安全标准。根据国际食品法典委员会制定的鲜

食葡萄法典标准（CODEX STAN 255—2007，2011 年修正版），鲜食
葡萄分为以下三个等级。

1）特级：本等级鲜食葡萄必须具有特优品质。葡萄串形状、生
长状况和色泽必须具有该品种特征，允许带有产区特点。果粒必须
紧实，牢固附着在枝茎且沿枝茎均匀分布，粉霜基本完好。除不影
响产品整体外观、质量、储藏品质和包装外观的极轻微表皮缺陷外，
不应有其他缺陷。容许葡萄串在重量上与本等级要求存在 5% 的偏
差，但应符合一级要求或在极个别情况下，适用一级的容许范围。

2）一级：本等级鲜食葡萄必须具有良好品质。葡萄串形状、生
长状况和色泽必须具有该品种特征，允许带有产区特点。果粒必须
紧实，牢固附着在枝茎并尽量保持粉霜完好。但与特级相比，果实
沿枝茎均匀分布方面可稍逊。允许带有以下轻微缺陷，但不得影响
产品整体外观、质量、储藏质量和包装外观：形状轻微缺陷；色泽
轻微缺陷；果皮极轻微晒斑。容许葡萄串在重量上与本等级要求存
在 10% 的偏差，但应符合二级要求或在极个别情况下，适用二级的
容许范围。

3）二级：本等级鲜食葡萄品质虽达不到高等级要求，但符合鲜
食葡萄质量的基本要求。葡萄串形状、生长状况和色泽可带有轻微
缺陷，但不得损害该品种基本特征，同时允许带有产区特点。果粒
必须足够紧实并充分附着在枝茎上。与一级相比，果实沿枝茎均匀
分布方面可稍逊。允许带有以下缺陷，但不得影响鲜食葡萄的质量、
储藏品质和包装外观等基本特征：形状缺陷；色泽缺陷；果皮轻微
晒斑；轻微擦伤；轻微果皮缺陷。容许葡萄串在重量上与本等级要
求或基本要求存在 10% 的偏差，但不包括已出现腐败或其他变质现
象而不能食用的果实。

【知识窗】　　　　鲜食葡萄质量的基本要求

根据鲜食葡萄法典标准（CODEX STAN 255—2007，2011
年修正版）的规定，鲜食葡萄质量的基本要求是：除符合各等
级具体规定和容许范围要求外，所有等级葡萄串和果粒还必须

符合以下要求：完好，未发生不宜食用的腐败变质现象；干净，基本无任何可见异物；基本没有害虫以及虫害造成的产品整体外观损伤；无异常外表水分，但冷藏取出后出现的凝结水除外；无任何异常气味和（或）味道；基本没有低温和（或）高温造成的损伤。此外，果粒必须完整；形状良好；生长正常。日晒造成的着色如果仅影响果粒表皮则不是缺陷。鲜食葡萄的成熟程度及品质状态应经得起运输和装卸；运至目的地时仍具良好品质状态。成熟度要求：鲜食葡萄必须充分生长且成熟度令人满意。为满足这一要求，果实折光率至少达 16°Brix（16 个白利糖度）。可接受折光率较低的果实，但其糖酸比至少相当于：a. 20：1 如果其糖度大于或等于 12.5°Brix 但小于 14°Brix。b. 18：1 如果其糖度大于或等于 14°Brix 但小于 16°Brix。

(2) 我国鲜食葡萄国内贸易行业标准　根据 SB/T 10890—2012 预包装鲜食葡萄流通规范，我国对鲜食葡萄的商品质量基本要求是：具有本品种固有的果型、大小、色泽（含果肉、种子的颜色）、质地和风味。具有适于市场销售的生理成熟度。果穗、果型完整完好，无异嗅或异味、无不正常的外来水分。主梗呈木质化或半木质化，并呈褐色或鲜绿色，不干枯、萎蔫。污染物限量应符合 GB 2762 的有关规定，农药最大残留限量应符合 GB 2763 的有关规定。我国法律、法规和规章另有规定的，应符合其规定。各品种鲜食葡萄果粒重符合表 7-1 要求。

表 7-1　各品种鲜食葡萄的平均果粒重

品　　种	平均果粒重/g	品　　种	平均果粒重/g	品　　种	平均果粒重/g
巨峰	10.0	牛奶	7.0	玫瑰香	4.5
京亚	5.5	绯红	9.0	瑞必尔	7.0
藤稔	15.0	龙眼	5.0	红地球	12.0
秋黑	7.0	京秀	6.0	无核白	5.5
里扎马特	8.0				

商品质量在符合上述规定的前提下，同一品种的鲜食葡萄依据新鲜度、完整度、果穗重量、果粒重和均匀度分为一级、二级和三级（表7-2）。

表7-2 预包装鲜食葡萄等级

指　标	等　级		
	一级	二级	三级
新鲜度	色泽鲜亮，果霜均匀，表皮无皱缩，果梗、果肉新鲜	色泽鲜亮，表皮无皱缩，果梗、果肉新鲜	色泽较好，表皮可有轻微皱缩，果梗、果肉较新鲜
完整度	穗形统一完整，无损伤；果霜完整、无果面缺陷	穗形完整，无损伤；同一包装件内，果粒着色度良好、果霜完整、缺陷果粒≤8%	穗形基本完整，果粒着色度较好、果霜基本完整、缺陷果粒≤8%
果穗重量	0.5~1.0kg	0.3~0.5kg	<0.3kg 或>1.0kg
果粒重	同一包装中果粒重应≥平均值的15%	同一包装中果粒重应≥平均值	同一包装中果粒重应<平均值
均匀度	颜色、果形、果粒大小均匀	颜色、果形、果粒大小较均匀	颜色、果形、果粒大小尚均匀

二 葡萄的包装

葡萄果实皮薄、肉软、易落粒、易失水并易受到微生物侵染。商业化生产需要对葡萄进行科学的包装，以减少采收后果实果品的损耗，保证果品的卫生和安全。另外，科学的包装还利于机械化操作，利于运输、储藏保鲜和延长商品的货架期，实现储藏、运输和管理的标准化操作。从而提高葡萄的商品性和附加值，提高市场竞争力。

1. 包装材料与包装方式

我国葡萄的包装材料应清洁干燥，美观牢固，无毒、无害、无异味，符合 GB/T 6543、GB/T 4456 和 GB/T 5737 的规定。目前我国普遍使用的有木箱、塑料箱、泡沫箱、纸箱、PVC 板箱、独立托盘等（图7-1），但以纸箱为多。每种形式都有其优点和不足之处。

塑料周转箱

泡沫包装箱

精品包装纸箱

图7-1　葡萄包装箱

（1）木箱　成本低、透气好、耐压，但缓冲性能差，运输中易产生机械伤。由于木箱机械性能好，码垛可以增高，适合应用于冷藏库房中的堆码，或制作葡萄干等工艺时的自然风干和低档次果品的包装。用木箱进行储运葡萄时一般进行单层摆放，箱内四周、上下均应衬垫瓦楞纸板，纸板上留有通气孔，每穗葡萄先用蜡纸包好，逐穗放入箱内排好，加盖钉牢。木箱容量分别有10kg、15kg、20kg三种，15kg的尺寸为50cm×36cm×28cm。外销采用4.5kg的小型木箱，内径为41.2cm×29.7cm×13cm。

（2）塑料箱　目前市场上广泛应用塑料箱内衬塑料袋的形式运输葡萄，葡萄在采摘前喷洒保鲜剂，并且在塑料箱内的塑料袋中放置保鲜纸或保鲜缓释剂，该包装形式相对成本较低，保鲜剂及塑料薄膜的应用延长了葡萄的保存时间。塑料袋中葡萄串简单地堆叠在一起，运输过程中的冲击、振动及温度对葡萄品质的影响较为严重，易产生掉粒及破粒的情况，葡萄的呼吸作用也不利于其长时间的储存。

（3）**泡沫箱** 对于价格相对贵一些的葡萄品种，常采用泡沫箱内衬塑料薄膜的形式进行运输，泡沫箱的成本比塑料箱高，但缓冲性能和隔热性能优良，而且洁净、美观、大方，目前普及较快。使用泡沫箱仍需使用保鲜剂来延长葡萄的储运时间，由于泡沫箱本身厚度较大，所以占用空间较大，导致增加了物流成本。但葡萄在箱内预冷不彻底时，储藏中箱内易出现果温偏高现象，需将箱壁打孔加强通透性，所以不宜用于储藏，而非常利于运输中保持低温和抵抗冲击力，为此，许多地区储藏葡萄时还用木条箱和硬塑箱，运输与销售时再换成泡沫箱。

（4）**纸箱** 一般多为瓦楞纸箱，由箱板纸和瓦楞纸组成，中间有许多空气层，具有良好的隔热和缓冲性能，是现代运输包装最广泛应用的一种形式。使用前可折叠，易搬运，尺寸规则，适于机械化装卸，易于堆码、存放，可提高运载量和仓库利用率。并且便于进行精美的装潢设计，起到广告、宣传作用。

根据葡萄品种及价格的要求，常采用瓦楞纸箱内衬塑料薄膜或每串葡萄独立应用塑料薄膜进行包装再放置于箱内，该包装形式与塑料周转箱的包装形式类似，葡萄必须经过喷洒保鲜剂及塑料膜内置保鲜剂确保其储存效果。其主要缺点在于瓦楞纸箱在受潮后力学性能大幅下降，葡萄为多汁类浆果，如塑料薄膜阻隔性能不好，渗出的汁液将直接影响包装箱在储运过程中的堆码强度。

（5）**独立小包装** 一些高档葡萄常采用独立包装，即将葡萄直接做成小包装商品放于冷气货柜内销售，不仅提高了果品的档次，而且大大延长了其货架寿命。小包装材料有透明带孔的薄膜塑料袋、塑料盒、塑料托盘、纸托盘等，盒与托盘盛装葡萄后再用保鲜膜封装。小包装上印制商标、品名、产地和公司名称等。采用独立小包装的葡萄可放置于瓦楞纸箱中进行运输。独立包装的优点在于缓冲效果较好，能有效减少运输过程中的损耗，但包装成本较高，以人工操作为主，包装效率较低，适于高端果品的推广应用。常见的几个小包装规格与使用特点如下。

1）薄膜塑料袋。国际通用的有两种，一种双面都是塑料，另一种一面是塑料另一面是纸；形状为梯形，规格为：上底 12cm、下底 27cm、高 30cm，无论哪一种袋，为了提高透气性，在其中一侧下半部会均匀地分布圆孔或长条开口。在葡萄装进袋后，上端封闭，果穗被固定在袋内，不会脱粒，也能延缓果梗失水，达到延长货架寿命、增加美观度的目的。目前国内外这种小包装应用比较普遍。

2）托盘。托盘为塑料、泡沫或纸质材料。规格为：长 20cm、宽 12cm、高 2cm，盘下有通气孔。包装时，将葡萄放到盘上后，再覆一层保鲜膜。

3）小塑料盒。规格为：长 12cm、宽 6cm、高 9cm，盒上或盒下有小孔。

2. 包装方法

葡萄采收后应立即装箱，避免风吹日晒，否则易失水、损伤、污染。最好从田间采收到储运销售过程中只经历一次装箱包装，切忌多次翻倒、多次装箱、多次包装，否则每一次翻倒都会引起严重的碰、拉、压等机械损伤，造成病菌侵入而霉烂。分级、装箱工作可采收后在葡萄架下进行，有条件的可在采收后进入车间选果、分级、包装。

（1）田间装箱方法　首先在树上进行选果，剪除果穗上的病虫果、青粒、小粒、破粒、畸形果等，并对穗形进行修剪，剪去歧肩等，然后按分级标准进行分级采收，分级装箱。箱内应衬有保鲜袋。葡萄单层摆放的箱，装箱时将穗轴朝上，葡萄果穗从箱的一侧开始向另一侧按顺序穗穗靠紧轻轻摆放，果穗间用软纸隔开，不留空隙，按装箱量的要求装满，并敞开保鲜膜袋口，送到冷库预冷。

（2）车间装箱方法　由田间采收预装箱的葡萄，送到选果包装车间，人工选果整穗，再按分级标准分别装箱。葡萄双层装箱时，果穗应平放箱内，先摆放底层，每穗按穗形大小颠倒放置，挨紧不留空隙；然后摆放上层，要挑选合适穗形填补空间，以摆满为止，不能高出箱沿，当箱盖盖严时葡萄果穗应松紧适中，箱盖保持平齐而不凸凹。装满葡萄，敞开袋口，送冷库预冷。

3. 包装要求

我国葡萄包装较简单，只有少数包装逐步趋向精美，但包装材料、装潢设计、标志印制、容量规格等仍有较大差异。目前我国市场上的葡萄包装箱规格不一，企业和个人在包装箱制作上没有统一的标准。根据 SB/T 10894—2012 的要求，宜按照 5kg、10kg、20kg 规格包装进行。常见葡萄包装箱种类与规格见表 7-3。

表 7-3　我国常见葡萄包装箱种类与规格

种　　类	规格（长×宽×高）/cm	净果重/kg	备　　注
瓦楞纸箱	32×20×12	4	哈尔滨东金集团
瓦楞纸箱	30×30×10	2	辽宁文选有机葡萄
瓦楞纸箱	32×16×14	2	河北涿鹿
塑料箱	36×26×15	5	市场
泡沫箱	40×27×16	8	市场
木条箱	36×25×14	5	市场
木条箱	43×35×11	10	市场
中纤板	46×36×12	8	广东鲜诺
中纤板	40×30×12.5	6	广东鲜诺
pp 塑胶	40×30×12.5	6	广东鲜诺
pp 塑胶	50×40×12	10	广东鲜诺
环保中纤板	50×40×14.5	10	广东鲜诺

三　葡萄的预冷

1. 预冷的意义

葡萄采收后均带有田间热，并且果实在进行呼吸代谢活动中，会释放大量热量，在运输、冷藏或者加工前如果不及时预冷，温度会不断升高，从而引起产品的腐烂、失水、储藏性能下降、病害加重等。因此，葡萄采摘后及时预冷可以使果实逐步适应储藏的低温条件，降低呼吸速率，延长储藏期，还可防止果穗梗变干、变褐，防止果粒脱落等。预冷一般在产品分级、包装后进行，并需要预冷设备以及一定的空间来操作。

2. 预冷前的准备

葡萄的包装物（筐、箱）及采摘用具等均用0.7%的甲醛溶液喷施消毒。预冷设施选用无二次污染的杀菌剂进行封闭熏蒸24h。入储前2～3天按20g/m³进行熏硫，熏蒸后密闭一昼夜，然后打开门和排气孔，驱除二氧化硫气体。不熏硫也可喷洒甲醛等库房消毒液。预冷前1～2天，将预冷冷库制冷机启动降温，使库温下降至−1～0℃。

3. 预冷方式

葡萄预冷方式大体分为3种：冷风预冷、差压通风预冷和隧道式差压梯度预冷。

（1）冷风预冷　是在葡萄分级、包装后直接放在预冷库或者冷藏库内，利用冷风机强制冷空气循环流动，使葡萄箱垛之间冷空气与箱内产品外层、内层产生温差，通过对流和传导逐渐使箱内的产品温度降低。空气的对流风速设计一般也在3m/s以下，有的甚至在1.5m/s以下。冷风预冷是一种没有特别组织气流的预冷方式，也是目前最广泛应用的冷却方式。

（2）差压通风预冷　差压通风预冷比冷风预冷多一个静压箱和一台差压风机。风机负压侧与静压箱连通。风机运行时，静压箱内产生负压，抽吸冷库中的冷空气，使冷库中的冷空气快速地通过有孔的葡萄包装箱，造成包装箱内外两侧产生压力差。由于强化了传热且通风均匀，使冷却速度加快，预冷时间缩短，投资也不大，对鲜食葡萄快速预冷尤其适用。

（3）隧道式差压梯度预冷　是在差压库的技术上，在隔热的箱体内安装了传送带，葡萄输送由传送带自动完成，预冷装置可连续操作，随进随出。连续输送的葡萄由采后初温28℃左右被逐渐预冷到中心温度为0℃。此种方式的优点是：预冷速度快、冷却均匀、连续性作业、生产能力大，在一定时间内可进行大批量快速预冷。特别适用于鲜食葡萄大量预冷。

4. 放保鲜剂与封口

葡萄预冷完毕后立即投放保鲜剂并封口。保鲜剂的投放依据不同品种、不同包装投放不同量的保鲜剂。封口前测定库温及果心温度，一般温差不超过2℃，如果预冷不完全进行封口，会在葡萄储藏期间产生结露或起雾，造成葡萄腐烂、霉变。封口后即可以进行冷藏运输或储藏。

> ⚠ 【注意】 葡萄预冷时应注意以下几点。
> 1. 预冷时间的长短与果粒大小、包装、每次的入库量及预冷方式有关，葡萄冷风预冷一般每次入库量不超过总库容的40%。采收得越早，预冷时间应越长。
> 2. 预冷时要敞口预冷，并且包装箱中的保鲜膜口应顺包装箱边缘全部伸平挽下，避免热空气在褶皱处结露，增大保鲜膜壁的湿度。当湿度较大并与膜中二氧化硫气体接触后容易使葡萄造成药害，封口时，应先用高温消毒后的软纸或纯棉纱布擦干后再扎口或半封口。

四 葡萄的运输

根据预包装鲜食葡萄流通规范（SB/T 10894—2012）中的要求：葡萄运输工具应清洁、卫生、无污染、无杂物，具有防晒、防雨、通风和控温设施，可采用保温车、冷藏车等运输工具。装载时应确保包装箱分批次顺序摆放，防止挤压，运输中应稳固装载，留通风空隙。不得与有毒有害物质混运。装载时应轻搬轻放，严防机械损伤。运输过程中应在不损害鲜食葡萄品质的情况下，综合考虑产地温度、运输距离、销地温度、适宜储存温度和湿度等因素，采取保温措施，防止温度波动过大。

1. 运输方式

（1）公路运输 是当前葡萄运输的主要方式，随着高速公路和高等级公路的快速建设，公路运输越来越显示出它的优越性。汽车可以直接开到葡萄园或冷藏库，立即装车、发车，不受时间限制；路途中可安排两名驾驶员轮流驾驶，一刻不停地开往销售地，能大

第七章 葡萄的储运、加工与营销

大节约时间。货架果品新鲜度非常好。

1000km 以内的常温运输：1000km 以内可以用普通汽车运输。运输前做好充分的准备，一般下午组织人员集中采收，稍散热后装箱，箱底铺硬板纸，装箱称重后，敞口放在阴凉处晾 4~5h，再放快速释放的保鲜剂封箱装车，立即出发。晚上行驶的，可不盖棚布，便于进一步散热；中午行驶的，需盖棚布遮阴降温。常温运输要求做到快采、快运、快卸、快销。

1000km 以上保温车或制冷车运输：销售地超过 1000km 以上的葡萄运输，应将采收的葡萄立即入冷库预冷和作防腐处理。经预冷的葡萄温度低，升温慢，在保温车中，在一定的时间内仍可维持较低的温度。若葡萄预冷到 1~3℃后装车，经 4~5 天到达销售地，葡萄的温度一般在 5~8℃，若用制冷车，葡萄的温度会比原温升高 3℃。

（2）铁路运输 在运量较大和路程较远的情况下，可采取铁路运输，一节车皮可装 20 吨。铁路运输的产地和销地两头仍要用汽车运输，一切衔接环节要事先安排好，万不可在车站、途中停留。在搬运装卸中，要轻搬轻放，防止野蛮装卸，以免损伤葡萄。

（3）航空运输 空运时间快，葡萄在运输途中损失小，葡萄可采收充分成熟的，其品质好、质量高、货架鲜度好、售价高、总的效益略低于汽车运输而高于铁路运输。近年来山东、新疆均有大量葡萄通过空运到广东、广西、福建等地销售。

（4）海上运输 海上运输颠簸轻，运费便宜，但等距离运输时间长。船上降温设备多用冰和制冷机。水中航行，其气温比陆地低，通过制冷空气流通，运输温度上下不超过 0.5℃。

2. 运输中的保鲜

引起葡萄采后储运与销售过程中腐烂的病原菌主要有根霉、黑曲霉、青霉、灰霉、交链孢霉、芽枝霉等。其中灰霉是葡萄低温管理中具有毁灭性的病害，因为该病菌在低温条件下仍能生长繁殖，而葡萄对其抵抗力较弱。运输过程中使用保鲜剂并采用冷链运输，可以抑制灰霉菌的感染与发展，降低运输中的损耗。

（1）使用保鲜纸 葡萄保鲜纸能杀死多种葡萄致病菌，特别是对葡萄灰霉菌、黑根霉菌、交链孢菌具有强大的杀伤力。

（2）使用保鲜剂　意大利海上运输葡萄时间达1个月，用聚乙烯袋加亚硫酸氢盐保鲜剂，灰霉病感染率仅0.5%，失重率0.4%，效果十分显著。据赵静芳研究，在20℃左右的情况下，按标准采收的葡萄放入纸箱后，将快速释放保鲜剂放在葡萄上，或在箱内衬1张大的保鲜纸，把整个葡萄包裹起来，3～4天检查，放保鲜剂的灰霉病感染0.2%～0.5%，未放保鲜剂的灰霉病感染9%。在2～5℃条件下运输，效果更明显，从济南巨峰到石狮5～6天，用保鲜剂处理的灰霉病感染0.3%～0.5%，未用保鲜剂处理的灰霉病感染2.5%。

第七章　葡萄的储运、加工与营销

(3) 熏蒸法 短期运输的葡萄可用熏蒸法。采后预冷的葡萄，用塑料大帐封闭，每立方米用 2～3g 硫黄熏蒸 30min 或将高压气瓶二氧化硫发生器的气体导入帐内，剂量为 130～150mL/L，对运期在 7～10 天的葡萄可抑制灰霉菌的发生和蔓延。

(4) 运输工具检修与灭菌 葡萄装车前，对运输工具的主体、制冷元件、空气输送管道、温湿度记录设备、防护板和底部夹层等进行检查与维护。并对车厢厢体进行彻底清扫，用水、洗涤剂以及消毒剂对箱体进行认真的洗刷，以消除有害微生物和有害残余物。洗刷干净待箱体干燥后，方可装入葡萄。

(5) 提前降低车厢温度 如果采用冷藏车，装车前要将车厢温度降到要求的储藏温度，以便产品快速降温并有利于后续温度管理。

(6) 合理码垛 码垛要利于车厢内和垛内空气环流，从而影响货物的温度管理。因此，运输时码垛既要保护包装和货物不受运输工具运动引起的应力影响，同时又能保证调节空气在运输环境各部位的正常循环。

(7) 运输条件与管理 为防止葡萄与箱体发生二次运动及旋转运动必须装紧箱。所有包装容器应与运输工具构成一个整体。如果包装容器之间或包装容器与运输工具箱壁之间保留自由空间，就必须设置一些缓冲、固定、抗风和维持间隔的构造，这样可防止包装容器的位移。依据运距选择适宜运输工具和运输温度。中长途运输应实施冷链运输。中短途运输可选择亚常温运输，做好运前预冷。中长途运输应减少从预冷到市场销售过程中的果品温度发生起伏变化，保持厢内不同部位温湿度均匀一致。运输中温度一般控制在 0～1℃ 范围内；适宜相对湿度 90%～95%；气体指标一般为氧气 2%～3%，

> ⚠ **【注意】** 葡萄运输码垛时应注意以下几点。
> 1. 运输工具对温度等的调控条件与运输持续时间，尽可能采用冷链运输，并缩短运输时间。
> 2. 葡萄品种特性及装货时的温度，装货前充分预冷。
> 3. 根据包装容器的重量、大小、抗性、透气性等进行合理码垛，确保包装和货物的安全。

二氧化碳5%~8%；车厢内要有足够的通风量，及时排除产品的呼吸热，以防止升温发热。通风除热降温应在夜间凉爽时进行，通风时不应停止制冷。

第二节　葡萄的储藏

一　冷库储藏

温度是影响果实呼吸作用和酶活性的主要因素，低温储藏能够有效地抑制葡萄的呼吸作用，降低乙烯的生成量和释放量，抑制果实内过氧化物酶的活性，维持超氧化物歧化酶的活性，在一定水平上清除组织内产生的有害物质，还可以抑制致病菌的生长繁殖，避免褐变腐烂，有利于葡萄的保鲜。

现代化的机械冷库装有制冷降温设备，并具有良好隔热保温层的储藏库房。一般由冷冻机房、储藏库、缓冲间和包装场四部分组成。它可以根据需要创造最适宜的低温条件，最大限度地抑制储藏果实的生理代谢过程，达到长期储藏的目的。葡萄储藏最适温度为 $-1 \sim 0℃$，上下波动不超过 $1℃$，一般机械冷库均可比较好地达到这一要求。冷库储藏时的管理如下。

1. 温度管理

（1）冷库的前期管理　在无专门预冷库或冷库库体偏小的情况下，葡萄很难在敞口预冷 $1 \sim 2$ 天使果品温度达到 $0℃$。因此，早期冷库温度可调整到比葡萄所要求的温度低 $0.5℃$ 的温度下，以加快葡萄预冷。冷库温度控制随品种而异，储存巨峰品种的冷库，前 1 周左右可将库温降至 $-1.5 \sim -1℃$。当果品温度降至 $0℃$ 左右时，立即将冷库温度提升到 $-1 \sim 0℃$。储存牛奶、木纳格等品种，早期冷库温度应控制在 $-1 \sim 0.5℃$，然后再提升到 $-0.5 \sim 0.5℃$。冷库温度控制也与葡萄成熟度有关系。凡果穗梗木质化程度高、果粒含糖量较高的葡萄，则较抗低温。冷库内不同部位温度也有差异，靠近风机的部位温度最低，在冷库进门处无风机一侧的温度稍高。在摆放葡萄箱时，还应视品种、质量差异，选择合适的库位码垛。在冷库风机的风口处及每垛的最上层葡萄箱的葡萄容易忽凉（开机阶段）忽热（停机阶段）。有经验的葡萄储户通常在靠风机部位用塑料膜、

第七章　葡萄的储运、加工与营销

139

麻袋片等遮挡葡萄箱。如果使用的是板条箱，箱上无盖，则每垛最顶层的葡萄箱要用两层报纸覆盖。为了节省能源，当库外温度降到0℃时，应打开冷库的通风机，加速冷库降温，并可降低冷库湿度。当外界温度低于 –6℃时，则不宜利用自然冷源降温。

（2）冷库的中后期管理　北方地区进入 12 月后，外界温度已经很低，制冷机启动次数明显减少。此时，应注意防止库温过低的问题，认真检查冷库的保温情况，一旦发现库温偏低，应及时采取保温措施。早春是冷库温度管理的关键时期，此时冷库中大部分葡萄已出库销售，所剩葡萄不多，因而库主常忽视及时开机，这种情况极易在氨制冷的大型冷库出现。无论是自动温控的冷库，还是氨制冷冷库，都应在冷库内不同处设置水银温度计。精确度应达 0.1℃。冷库内的温度应以库内温度计为准，并注意调整自动控制系统的温度与库内温度的差异，更要防止自动温控系统可能失灵，做到及时检修温控系统及制冷系统。

2. 湿度管理

目前，我国葡萄储藏大都在葡萄箱内衬有保鲜膜，因此，冷库的控湿问题与保鲜膜的选择有密切关系。各种保鲜膜都有一定的透湿性，尤其以 PVC 保鲜膜透湿性更好些。北方地区晚秋和初冬季节空气比较干燥，而早期葡萄箱内湿度易出现不同程度的结露。因此，早期冷库的湿度应越低越好。而在储藏巨峰等耐湿品种时，后期应考虑冷库加湿问题。另外，还应考虑库体自身的湿度情况。如在建库第一年，若库体封顶是在雨季，则库内湿度过大；在南方多雨地区，库内湿度普遍较大，应在入储前期，加强冷库通风，降低冷库湿度。

3. 气体流通

葡萄入储后呼吸强度较高。一些品种还会释放出乙烯等有害气体，所以冷库应利用夜间低温在前期通风换气。在库体管理中做到定期通风换气，保持冷库空气清新洁净。

4. 检查与处理

每个库中的果品，要按品种、质量等级分别码垛。以便随时观察葡萄储藏中的变化。各类果品，甚至不同葡萄园采摘的果品，都应选择有代表性的葡萄箱作为观察箱。因为葡萄箱在冷库中所处的部位不同，其温度、湿度都有差异。对上述不同类型的观察箱，应定期进行检查，储藏前期和后期可每周检查1次，中期可每半个月检查1次。对葡萄箱检查一般是透过保鲜膜观察葡萄有无霉变、干梗或药剂漂白现象。有时应抽样敞口检查或从箱内提出塑料袋观察底部果穗的变化情况并及时处理。

二 气调储藏

气调储藏是目前公认的果蔬储藏最有效的方法。该技术主要是指在适宜的低温条件下，通过调节储藏环境中二氧化碳与氧气的比例与浓度，达到抑菌和抑制呼吸强度的作用，从而延长果品储藏期。

1. 气调储藏分类

气调储藏技术大致可分为三类，即气体控制（Controlled At mos here，CA）和气体调节（Modified At mos here，MA）及减压储藏三种。气体控制储藏是指调节环境中气体成分组成的冷藏方法，一般是降低环境中的氧气浓度，提高二氧化碳浓度，保持适于所储果蔬的最佳气体组成，这就是我们通常所说的气调库储藏。气体调节储藏是指利用薄膜包装的简易气体控制储藏，即利用透水透气性较高的薄膜包装果蔬，在包装容器内形成比较适宜的气体组成，以达到保鲜目的。减压储藏又名低压储藏，是通过减低气压，排除产品的内源乙烯及其他挥发性物质，从而更有效地抑制果品的后熟衰老。目前，生产中主要应用的是气调保鲜袋和MA气调库进行储藏保鲜。

2. 气调库

气调库就是配用了气调装置和制冷设备的密闭储藏库。气调库与一般机械冷库相同，要求有良好的隔热保温层和防潮层，库房内要有足够的制冷能力和空气循环系统。一般气调库比冷藏库要小一些，因为产品入库后要求尽快装满密封。另外，气调库要有很好的气密性，为了防止漏气，可在四壁内侧和天花板、地板加衬金属板或不透气的塑料板，或喷涂塑料层，杜绝一切漏缝。库门、观察窗和各种通过墙壁的管道也必须加用密封材料。一座气调库一般只能保持一种气体组合和温、湿度，若需保持几种不同的气体组合，可将气调库分隔成若干个可以单独调节管理的储藏库。气调库气体的调节采用人工快速降氧，效果明显。目前应用比较普遍、且易于操作的快速降氧设备是"催化燃烧降氧机"和"活性二氧化碳脱除机"，管理人员只需经常检测库内气体成分，根据储藏产品的需要，随时操纵机器进行调节即可。

【知识窗】　　　　　　葡萄专用保鲜袋

　　葡萄专用保鲜袋，必须具有较好的透气、透湿、防结雾性，才能有效地抑制病菌生长，减少水分蒸发和腐烂损失。保鲜膜的选择应具有较好的透湿性。用于储藏的保鲜膜分为 PE（聚乙烯塑料薄膜）、PVC（聚氯乙烯膜）两种，但 PE 膜透湿性差，常常导致箱内塑料袋内积存较多水分，引起下层果品出现裂果和伤害现象，因此应使用加入透湿材料的 PVC 膜。PVC保鲜膜具有良好的调气透湿的功能，在南方地区较适宜选择这类保鲜袋。

3. 葡萄气调储藏技术

　　气调储藏时气体浓度应根据不同品种、果实成熟度、温度及储藏时间长短等而定。吕昌文研究（1994）认为，巨峰葡萄适应低氧气和高二氧化碳环境，最适气体成分为 5% 氧气 + 8% ~ 12% 二氧化碳。王春生（1998）发现，15% 氧气 + 3% 二氧化碳是龙眼葡萄储藏的最佳气体条件。黄永红等在葡萄储藏中要求的氧气含量为 2% ~ 3%，二氧化碳含量为 3% ~ 5%，选用 0.03mm 的聚氯乙烯薄膜袋包装，容量以 2.5 ~ 5kg 为宜，在 24h 内放入温度已降至 -1℃ 的预冷间内预冷（可在预冷的同时装袋），待库温降至 0℃ 左右时，放入葡萄保鲜剂，用量为红地球每 5kg 7 ~ 8 包（2 片/包，1g/片），巨峰、玫瑰香、龙眼等品种每 5kg 9 ~ 10 包。放入时每包用大头针扎两个孔，然后扎紧袋口。虽然葡萄气调储藏的条件根据品种和储期长短有所不同，各国研究者的结果也不尽一致，但对大多数葡萄品种，气调储藏条件较为一致的看法是：温度 0 ~ 1℃，相对湿度 95%，二氧化碳 2% ~ 3%，氧气 2%。

　　1. 二氧化硫和含硫化合物

　　当前国内外应用的化学保鲜剂种类很多，在葡萄储藏中使用最多、效果较好的是二氧化硫和含硫化合物。二氧化硫气体对葡萄储藏中常发生的真菌病害，如灰霉、青霉等，有较强的抑制作用，不仅可以防止葡萄霉烂，而且还有降低葡萄果实呼吸强度和水分蒸腾的作用，有利于保持果实的营养成分和鲜度。当前国内外应用的葡萄防腐保鲜剂主要是二氧化硫制剂。我国二氧化硫防腐保鲜剂有以下几种类型：第一种是直接用亚硫酸盐和变色硅胶混合而成的保鲜剂，放在储藏的葡萄上；第二种是将亚硫酸盐和黏合剂混合，用机器压制成片剂。

　　二氧化硫制剂处理的具体方法有：重亚硫酸盐释放法，按葡萄质量的 0.3% 和 0.6% 分别称取亚硫酸氢钠和无水硅胶，将二者充分混合后，分装于若干个小纸袋内，分散放置于葡萄储藏袋内，每 45 天换 1 次药袋。硫黄熏蒸法，第一次熏蒸后，隔 15 天再熏 1 次，以后每隔 1～2 个月熏 1 次。二氧化硫气体熏蒸法，将葡萄装箱垛好后，罩上塑料薄膜罩，充入二氧化硫气体，使其占罩内体积的 0.5%。

　　需要注意的是，不同品种的葡萄对二氧化硫的敏感性不同，储藏葡萄应选择相应的保鲜剂。巨峰对二氧化碳有较强抗性，国家农产品保鲜工程技术研究中心（天津）生产的巨峰专用保鲜剂（CT2 号），可使质量好的巨峰果保鲜 4～7 个月。在南方地区，由于采收期气温较高，湿度较大，储期短于北方地区。北方地区果实成熟期降水偏多或果实质量差，储期将明显缩短。储藏红地球葡萄应选择红地球葡萄专用保鲜剂。储藏中使用过量的二氧化硫会引起漂白和落粒，对库房内的金属设施进行腐蚀。

　　近年来，经二氧化硫熏蒸后葡萄内亚硫化物的残留问题及二氧化硫对某些易过敏人体的危害越来越引起人们的关注。替代二氧化硫的无残留保鲜剂的研究日益增多，研究报道的主要有二氧化氯、1-MCP、乙醛、臭氧、乙酸、氯气、涂膜剂等。

2. 二氧化氯

二氧化氯是一种强氧化剂，是世界卫生组织（WHO）和联合国粮食及农业组织（FAO）向全世界推荐的A1级广谱、高效、安全的化学消毒剂，在业内被称为第四代消毒剂，具有很强的杀菌能力。可有效杀死微生物，且杀菌过程不产生有害物质，无气味残留：被处理的果蔬原有风味不变，不影响食品的风味和外观品质，是目前国际上公认的性能优良、效果最好的食品保鲜剂。由于二氧化氯有许多优点，且具有高度的安全性，因此从20世纪80年代开始，被众多国家批准用于很多领域。

3. 1-MCP

鲜博士果蔬花卉保鲜剂1-甲基环丙烯（简称1-MCP）是近年来发现的一种新型乙烯受体抑制剂。其与乙烯结构相似，并有一个带双键的丙烯环，因此具有比乙烯更高的双键张力和化合能。1-MCP通过与乙烯受体优先结合的方式，不可逆地作用于乙烯受体，阻止乙烯与其受体结合，抑制乙烯的生产，从而抑制其所诱导的果品、蔬菜、花卉等园艺作物的后熟、衰老等一系列生理生化反应。由于它无毒、用量低、作用持久、效果明显，因此在水果蔬菜的保鲜储藏运输流通中有着广泛的应用前景。由于使用1-MCP后检测不到残留，因此被认为是果蔬保鲜储运技术领域的一次革命。1-MCP对呼吸跃变型水果、蔬菜的作用非常明显，以采摘后1~7天内熏蒸为最佳。与其他一些有机化学物质（如重氮环戊二烯，DACP）相比，1-MCP具有使用浓度低、易合成、使用方便、安全无毒害、保鲜效果明显的特点。1-MCP结合二氧化氯处理可以克服二者单独处理的缺点，明显降低葡萄腐烂率，有效保持果实颗粒的硬度，抑制丙二醛（MDA）含量的增加。并对保留果粒中的还原糖、可滴定酸、维生素C及果实梗叶中的叶绿素有积极作用，保鲜效果明显好于二氧化硫处理。

三 低温气调化学储藏

在一般冷藏条件下，葡萄的烂果率高达 25%~30%。冷藏库的空气相对湿度大多在 80% 左右，湿度偏低，在保鲜过程中葡萄的失水率有时高达 10%~13%，而果蔬储存时的失水率达到 5% 就会萎蔫、疲软、皱缩、失去鲜度，葡萄还会出现干枝掉粒现象。为了降低储藏葡萄的失重率，冷藏库内相对湿度一般为 90%~95%。但湿度过高，又容易引起真菌的繁殖和生长，招致果实霉烂，因此单独利用冷藏效果不够理想。为了克服这一矛盾，国家农产品保鲜研究中心研究并推广应用的"微型节能冷库 + 气调保鲜膜 + 保鲜剂"储藏模式具有很好的储藏效果，可使葡萄的储藏期延长 3~6 个月。低温气调化学储藏工艺如下：

判断成熟度→适时采收→修整后放入内衬保鲜袋的纸箱中→及时入库预冷 12h 左右→果品温度达到 0℃ 左右时放入葡萄保鲜剂→封袋、码垛→储藏管理→出库。

四 涂膜保鲜

涂膜保鲜是在果实的表面涂上一层很薄的无味、无毒和无臭的膜，可以阻止空气中的氧气和微生物进入、有效地控制果实的呼吸强度、减少水分的蒸腾损失、防止果实失水干皱、增加果实表面光泽、延缓成熟过程、减慢葡萄的腐败及氧化变质。在涂膜中加入适当的防腐保鲜剂，可以保持葡萄新鲜状态，降低腐烂损耗。目前广泛应用于果实保鲜的涂膜材料有糖类、蛋白质、多糖类蔗糖酯、聚乙烯醇、单甘酯、多糖、蛋白质和脂类组成的复合膜及可食保鲜剂等，利用成膜的大分子化合物作为保鲜剂组成，是近年来发展起来的较先进的保鲜方法之一。

五 简易储藏

我国葡萄栽培历史悠久，人民群众在长期的生产实践中创造了许多简便易行、经济有效的储藏方法。这些方法设施简单、投资少、建库快，储藏效果尚可，总的经济效益还是比较好，很适于小批量储藏应用，所以也很有推广应用价值。

第七章 葡萄的储运、加工与营销

1. 窖藏

储藏窖为自然通风式永久性地下储藏窖，窖的四壁用石头或砖砌成，不勾缝，以增加窖内湿度。墙宽40~50cm，高250~280cm，窖顶由水泥、石头拱制而成，拱高30cm，其上覆土80~100cm，以利保温隔热。窖宽280~300cm，长度依储量而定。窖内温、湿度由进出气口调节；窖的两端各设一个进气孔，低于窖底10~20cm，直径50cm，中间设一个排气孔，也是出入口，直径80~100cm，通风效果好。此窖节省投资，简单易行，一般果农都可以建造。这类窖可储晚熟品种如龙眼、晚红、秋黑等，效果较好。如储巨峰易干梗，储期比恒温库短。

入储前自然通风窖每立方米点燃20g硫黄粉密闭熏蒸一昼夜，通风换气后方可入储。葡萄采后经12~48h预冷后即可入窖。入窖的时间以早晨为宜（早晨温度低）。储藏方式有吊挂式，即在室内立柱、拉铁线，将果穗吊挂在铁线的小钩上；堆放式，即在窖内上下分若干层，每层铺上秫秸帘，其上摆放葡萄1~2层；塑料袋小包装式，就是将葡萄装在塑料袋里，每袋2.5~5.0kg，内放保鲜药剂，摆放在帘上；箱储式，即先把塑料袋铺在箱内，然后再把葡萄放在塑料袋里，预冷后放入保鲜药片并将袋口扎紧，每箱5~10kg，在窖内码垛。

堆放式和吊挂式储藏的果穗裸露，入窖后每立方米点燃4g硫黄粉熏蒸，每10天1次，每次30~60min。入储1个月后，温度降至0℃左右时，每隔20~30天熏蒸1次，每立方米用2g硫黄粉。第二年3~4月当窖温回升时，每立方米仍用4g硫黄粉熏蒸。箱储的每个月要倒一次垛。

适宜的储藏温度为0~2℃；果温是-2~-0.5℃。自然通风窖入储后窖温较高时，应积极捕捉冷源，最大限度地降低窖温，白天关闭进出气口，夜间待外界气温低于窖内温度时打开全部窖门，一直降到适宜温度为止。自然通风窖的相对湿度应保持90%~95%。如湿度不够，要向窖底洒水，还可起到降低库温的作用；湿度大时，可打开进出气口，以通风降低湿度。

2. 室内储藏

室内储藏在兰州、宣化等地农家习惯使用。室内储藏的管理内容是调节温湿度。温度过高时晚间打开门窗通风降温，白天则紧闭门窗不让热气入室。温度过低时要在室内加温至 0～3℃；平时在室内洒水或挂湿草帘增加空气湿度。用以上方法储藏晚熟品种，储期可达 5 个月，好果率不低于 80%。

3. 塑料袋储藏

此法适于北方储藏。将经过预冷处理的葡萄一筐筐码堆成排，筐间留间隙，排间留通风道，然后用塑料大帐封严，进行二氧化硫熏蒸，经 2h 后揭帐，并立即将果穗装入 1kg 装的聚乙烯袋内，扎紧袋口，平放入箱中或堆放在架上。元旦或春节出售，好果率高达 95%。也可以将新鲜葡萄放在 10℃ 以下的阴凉处 3～5 天后，装成 5kg 一箱，箱内放亚硫酸盐加硅胶拌匀的药包，再把箱子套进塑料袋中，袋口扎紧，然后储入 0℃ 左右地窖内，每隔 25 天换药 1 次，可使葡萄保鲜 3 个月，损失低于 20%。

【知识窗】　　　　冰 温 储 藏

　　冰温储藏是指在 0℃ 以下温度中储藏，而又不使产品发生冻害的方法。近年来该项技术在美国、日本、韩国、中国台湾等国家和地区获得了迅速的发展。在梨、樱桃、李、葡萄等水果上取得了成功。在冰温条件下，葡萄的生理活性降低到很低的程度，但又能维持正常的新陈代谢，不易产生冻害和腐烂，这有利于葡萄的长期保存。与一般的冷藏法相比，经冰温高湿保鲜，葡萄的保鲜期长，浆果的质构变化、化学成分变化、呼吸强度变化、失重率和烂果率均低。冰温储藏后的葡萄出库方式以三段过渡出库法最好，即 0℃→10℃→20℃→室温。

第三节　葡萄的加工

一　葡萄果汁的加工

1. 工艺流程

原料选择→冲洗→除梗→破碎→压榨→过滤→澄清→调配→装

瓶→杀菌→防腐→成品。

2. 工艺要点

(1) 原料的选择　加工葡萄果汁，应选择完全成熟、色泽鲜艳、无腐烂及无农药残留的新鲜葡萄果实作为原料。

(2) 冲洗与除梗　选好的葡萄，要先用清水冲洗干净，晾干后除去果梗。

(3) 破碎与压榨　用粉碎机将果粒挤压破碎，使果汁流出。然后将果浆装入不锈钢容器内加热 10 ~ 15min，温度 60 ~ 70℃，以便使果皮色素浸出并溶于果汁中。

(4) 过滤与澄清　榨出的汁液用粗白布过滤，除去汁液中的果皮、种子和果肉块等，然后将汁液装入经消毒杀菌处理过的玻璃瓶或瓷缸中，再按汁液质量的 0.08% 加入苯甲酸钠，搅拌均匀，使之溶解。经 3 ~ 5 个月的自然沉淀，果汁澄清透明，吸出澄清液。

(5) 调整糖酸比例　糖液及调和糖液采用热溶法，添加辅料后，保持 55°Bx（白利度，浓度百分数）的糖度。根据多数人的口味，一般将葡萄果汁的糖酸比调整为（13 ~ 15）∶1。

(6) 装瓶与杀菌　将果汁瓶刷洗干净后，进行蒸汽或煮沸杀菌，然后将调配好的新果汁灌入瓶内，经压盖机加盖封口，将瓶置于 80 ~ 85℃ 热水中，保持 30min，取出将瓶擦干，即可粘贴商标，装箱出售或储存。葡萄汁存放要求在 4 ~ 5℃ 阴凉环境中。

(7) 防腐及保存　将上述加工好的葡萄汁，过滤一遍后加入 0.05% 苯甲酸钠，再倒入含 350g/kg 二氧化硫的缸中杀菌。经过混合杀菌后的果汁装入缸罐密封，并放置冷凉地方（3 ~ 5℃）保存 1 年以上再食用。采用这种处理方法保存的果汁，色泽、风味和含糖量基本上没有变化，维生素 C 损失也很少。

3. 产品质量

(1) 感官指标　葡萄果汁饮料为均一透明液体，无悬浮杂质，允许有微量果肉沉淀；具有葡萄特有的香气；口感醇厚，酸甜适口，无其他异味。

(2) 理化指标　可溶性固形物含量（20℃折光计）≥12%，砷

（以 As 计）≤0.5mg/kg，总酸（以柠檬酸计）≤0.35%，铅（以 Pb 计）≤1.0mg/kg，果汁含量（以原汁计）≥20%，铜（以 Cu 计）≤10mg/kg。

（3）微生物指标 细菌总数≤100 个/mL，大肠菌群≤3 个/100mL，致病菌不得检出。

二 葡萄罐头的加工

1. 工艺流程

果穗分选→消毒与漂洗→漂烫→扭粒→分级→称重→装罐→排气→封罐→杀菌→冷却→抹罐→储存→成品→商品。

2. 操作要求

（1）分选 将整穗分剪为几个小串，每串约 10 粒果，把不好的果粒去掉，然后进行冲洗。

（2）消毒与漂洗 先将小串葡萄冲洗干净后，放入 0.03%~0.05% 高锰酸钾溶液中，浸泡 3~5min，取出，用清水漂洗 2~3 次，到水无红色为止。

（3）漂烫 将上述处理的葡萄放入篮子中，在 70℃ 左右的热水中放置 1min，取出后，立刻放入冷水中，冷却到常温。

（4）扭粒与分级 将漂烫好的葡萄串上的葡萄果粒，用手轻轻地扭下，也可用剪刀自果蒂贴皮剪下，确保果粒完整、果皮无撕裂或破损。摘下的果粒按大小、颜色、形状分级。同时应去除病果、裂果等不合格的果粒。果粒放入 0.1% 的柠檬酸溶液中，防止果粒发生褐变。

（5）装罐 将处理好的果粒按标准称重，然后装入干净的罐中。再加入适量的糖水。糖水的浓度按照下列公式进行计算：

$$X = \frac{A \times B - C \times D}{E}$$

式中　X——需要配制的糖水浓度；

　　　A——每罐净重；

　　　B——要求开罐时的糖水浓度；

　　　C——每罐应装入的果实量；

　　　D——果实的可溶性固形物含量；

E——每罐应加入的糖水量。

配制糖水时，应选用优质白砂糖和清水（最好是纯净水，要求 pH 为 6.5~9.5，硬度为 15~16），随用随配，避免存放时间过长。装罐时首先按罐形要求称出葡萄重量，然后倒入罐中，再加入 80℃ 的糖水，在罐的上部留 3~6mm 的空隙。

（6）排气　通过排气，可以使罐中形成一定的真空，这与罐头的保存期有很大关系。

（7）封罐　排气后，必须立即封罐。在良好的温度与真空条件下操作对产品质量和储存时间长短有重要影响。在封罐过程中，必须对瓶盖进行严格的清洗，严格检查橡皮圈和密封垫有无缺陷和污染，不合格者一律剔除。

（8）杀菌　封口后，立即进行杀菌。通过适宜的温度将罐内的酵母菌、真菌等有害微生物杀灭，防止腐败和最大限度地保持果实的原有风味和营养成分。现在生产上一般采用常压灭菌的方法进行杀菌。常压灭菌是将罐放入杀菌容器内，水温由 60~70℃，逐渐上升到 85~90℃，经过 5~15min。然后，逐渐冷却，使水温降到 35~40℃即可。随着科学技术的发展，杀菌方法还可以采用红外线杀菌、微波杀菌、辐射杀菌、抗生素杀菌等。

（9）冷却　杀菌后必须迅速降低果品罐头的温度，以保证果实的风味、色泽和硬度。冷却一般采用的介质为水和空气。空气自然冷却速度较慢，较少采用。水冷却有喷淋法和浸泡两种方法，生产上一般采用浸泡法冷却。冷却水要求干净、卫生。

3. 成品检验

（1）微生物法　抽取产品的一定数量，放在适宜的温度条件下培养，经显微镜观察有无有害微生物的存在。

（2）理化方法　根据国家轻工标准（QB/T 1382—1991）对葡萄罐头的要求逐项检查。表 7-4 是糖水葡萄罐头的感官要求。

（3）保温法　在每批产品中取一定数量进行保温储存试验，以测定有无好气性微生物的存在。具体方法为：将产品放置在 32~37℃，经 7~10 天，观察有无胀罐现象。对胀罐现象要找出原因，并将胀罐的产品销毁。

表 7-4　糖水葡萄罐头的感官要求（QB/T 1382—1991）

项　目	优级品	一级品	合格品
色泽	果实呈紫色至花紫色或黄白色至青白色两类，同一罐中色泽大致一致，糖水较透明，允许含有少量种子和不引起浑浊的少量果肉碎屑	果实呈紫色至花紫色或黄白色至青白色两类，同一罐中色泽较一致，糖水较透明，允许含有少量种子和不引起浑浊的少量果肉碎屑	果实呈紫色至花紫色或黄白色至青白色两类，同一罐中色泽尚一致，糖水尚透明，允许含有部分种子和不引起浑浊的果肉碎屑
滋味、气味	具有糖水葡萄罐头应有的滋味气味，甜酸适口，无异味	具有糖水葡萄罐头应有的滋味气味，甜酸较适口，无异味	具有糖水葡萄罐头应有的滋味气味，甜酸尚适口，无异味
组织形态	果实去梗，带皮或去皮，果形完整，大小大致均匀；软硬适度；允许叶磨和破裂果不超过净重的5%	果实去梗，带皮或去皮，果形完整，大小较均匀，软硬较适度，允许叶磨、浅褐色斑点和破裂果不超过净重的7%	果实去梗，带皮或去皮，果形完整，大小尚均匀，软硬尚适度；允许有少量叶磨、浅褐色斑点和酒石结晶存在；大破裂果和变形果不超过净重的10%

（4）打检法　用金属棒或木棒轻轻击打罐盖，发出的声音以清脆而坚实的为好。反之，则不好，应当去除。这是一种经验检查方法。

无论经过什么样的检查方法，在产品贴标签前，也要对罐头逐个进行观察，外形上不能有生锈、变形、漏、瘪等异常现象。然后抽检，开罐检查果品的色泽、形态，有无异味，是否符合国家标准，然后决定是否进入市场。

4. 储藏

储藏地点（库）应保持干燥、冷凉，温度以 0～10℃ 为佳，湿度以40%以下为好，防止出现露点，而导致金属部分生锈。冬季应防止受冻，当储藏库出现露点时，应在晴天进行通风换气，也可以用生石灰或氯化钙吸湿，以降低储藏湿度。夏季早晚开窗，通风降温。产品在库中存放时，应将不同日期、品种、批号等产品分别存放并设明显标志。出库时应检查产品手续是否完备，数量是否清楚等，以便在产品投放市场后，发现问题可以得到及时解决。

三 葡萄果脯的加工

1. 工艺流程

葡萄分选→淋洗→消毒与漂洗→扭粒→糖制→烘烤→分级→包装。

2. 操作要求

(1) 原料 选用粒大、肉质肥厚、汁少、颜色浅的无核品种（或有核品种）。要求果实无病虫、无霉烂粒、新鲜、充分成熟。

(2) 分选、淋洗、消毒与漂洗、扭粒 操作与制罐工艺相同。

(3) 糖制 采用多次糖煮法。先将处理好的果实，放入 30% ~ 40% 糖水中煮 5 ~ 6min，再转入 50% 的热糖溶液中煮 5 ~ 8min，直到果粒呈透明状态，然后取出，用热水漂洗，冲去果实表面的残糖，淋干即可。

(4) 烘烤 将糖制好的果实均匀地摆放在盘中，放入 65 ~ 70℃ 的烘房中烘烤 10h 左右，直到果脯中的含水量达到 25% 为止。烘好的果脯取出回潮 24h，然后人工整形。将整理好的果脯再放入 55 ~ 60℃ 的烘房中，烘烤 6 ~ 8h，含水量达 20% 为止。烘烤时注意倒盘，防止因受热不均匀导致果脯焦煳的现象发生。

(5) 包装 将烘烤好的果脯，经回潮去除发黑、焦煳和烂的果；然后，按大小、色泽进行分级、称重、装袋；最后抽真空封口即为成品。

四 葡萄干的加工

葡萄干是葡萄产品中的珍品，不仅味道鲜美，而且含有 65% ~ 77% 的糖和有机酸、纤维素、单宁等营养物质，有重要的保健效果。葡萄干原料主要是无核品种，我国的葡萄干主要产于新疆，甘肃的敦煌和内蒙古的乌海有少量生产。葡萄干的最适含水量为 12% ~ 16%，要达到这个标准，葡萄鲜果必须脱水 50% ~ 70%。如果葡萄干含水量过低，脱水过多，则葡萄干吃起来会干、硬、涩，风味变差。如果含水量过多，则造成果粒软，结块发霉，储藏性差。葡萄干的加工方法如下：

1. 自然干燥法

（1）晒干法　利用高温、干燥的自然气候条件，把葡萄放在阳光下晒成葡萄干。这样制成的葡萄干呈红褐色，味甜，风味独特，品质优良。晒场可以选择为土场、沙场、砖场、水泥场等。晒干的方法主要有普通晒干法、冷浸快速制干法、架挂法等。

1）普通晒干法：是将果穗平放在晒场上，厚度以一个果穗为宜，太厚容易腐烂。

2）冷浸快速制干法：主要是采用药剂方法冷浸果穗，以便生产琥珀色葡萄干。药剂成分为：水 1kg、碳酸钾 30g、氢氧化钾 0.6g、油酸乙酯 3.5g、酒精 610mL。先将氢氧化钾放入酒精中搅拌，再加入油酸乙酯，搅拌成乳白色即可。然后，将放入葡萄的果筐在药液中浸泡 1～3min，捞出后沥干，在晒场上晒干，即成为琥珀色葡萄干。

3）架挂法：即在晒场上设立木桩，桩上拉铁丝，把葡萄挂在铁丝上，在阳光下可以晒制质量较高的红褐色葡萄干。

（2）晾干法　在我国新疆普遍采用晾房内晾干法，产品全部是黄绿色，以吐鲁番生产的品质最优。晾房也称为阴房。建设晾房的地点应选择在地势较高的通风处。晾房的种类很多，按照建筑材料分为土木结构、砖木结构和纯木结构三类，建筑的方式可以是屋形和棚形；按照内部结构设备可以分为挂刺晾房、木架晾房、铁网晾房、帘子晾房和挂竿晾房五类。在晾房内，葡萄干的晾晒方法分为普通晾晒法和促干剂法两种。

1）普通晾晒法：将果穗分别挂在挂刺上，放稳、挂牢。不要手压堆放，以防腐烂变质和果穗脱粒。

2）促干剂法：就是利用促干剂晾制葡萄干的一种方法。每包促干剂（350g）加水 15kg，充分拌匀，将放有葡萄的篮子在药液中浸泡 1min，沥干后，挂在刺上或吊帘上晾干，每包药剂可以处理 300kg 的葡萄，一般 10～15 天即可晾成葡萄干。

2. 人工干燥法

人工干燥法主要有浸碱熏硫法、冷浸快速制干法、远红外干燥法和微波干燥法四种。

(1) 浸碱熏硫法 碱液能除掉果面蜡质，破坏果皮组织，加速水分蒸发。硫黄燃烧产生的二氧化硫气体，具有漂白杀菌的作用，可以防止葡萄干褐变，使外观呈现金黄色。第一步，浸碱，把葡萄浸在0.5%~2%煮沸的氢氧化钠溶液中，稍加摆动后取出沥干，随后放在冷水中冲洗干净。第二步，经碱液处理过的葡萄，放入烘盘中，进入熏硫室，每千克鲜果应用硫黄0.5~1g，熏硫时间为2~3h。第三步，把熏硫后的葡萄进行烘干。

(2) 冷浸快速制干法 方法基本与自然干燥法中的相似。

(3) 远红外干燥法 利用各种设施，充分吸收太阳能或各种红外发生器产生的能量，促使葡萄快速干燥。现在，利用的能量主要是太阳能，用吸收远红外线的涂料吸收能量。

(4) 微波干燥法 利用产生微波的机器产生微波，使葡萄变干的方法。微波干燥的主要优点是干燥速度快。但因为微波干燥是先从果粒中央含水量最多的地方开始失水，然后，才是皮层变干，这样，往往浆果中心已经变焦而外部还未干，因此，该种方法不适宜于葡萄烘干。

第四节　葡萄的营销

果品营销是智商、财力、人力等诸多因素的综合竞争。市场营销能力低下是影响我国葡萄市场竞争力的重要因素之一。因此，必须采用现代营销手段，提高我国葡萄的市场竞争力。

一　我国葡萄的营销方式

葡萄的营销市场，可分为产地市场、零售市场和批发市场三类。产地市场不存在任何组织形式，买方在葡萄成熟时，到果农家中以现金收购或直接消费，或在本县城镇、乡村销售；零售市场分布在周边县市，由生产者直接销售，或由小商贩到产地小批量进货销售；大、中城市的果品批发市场是葡萄销售的主要批发市场。销售商有生产者自身、零售商和批发商三种。销售运作方式主要有以下几种。

1. 生产者→消费者

此种方式销量较少。

2. 生产者→零售商→消费者

主要为周边县、市的零售商直接到生产园收购葡萄。

3. 生产者→批发市场（批发商）→零售商→消费者

即生产者将葡萄运到大、中城市批发市场，批发商仅提供摊位、提供服务，销售决策权在生产者自己，现在采用此种方式者不多。

4. 生产者→委托代理人→批发商→零售商→消费者

此种方式是目前我国葡萄进入批发市场的重要途径。大、中城市的果品批发商委托产地已建立关系的代理人，在葡萄成熟之前，到葡萄园勘察，预付订金，约定买卖。葡萄成熟后，由代理人负责通知果农分级、包装，批发商验收后付款给代理人，由代理人将款分发给果农，并代办运销手续。

5. 生产者→批发商（共同运销）→零售商→消费者

此种方式是在果品批发市场的批发商与果农、运销户建立了良好的产销关系的基础上发展起来的。运作原则是：共同出资，职责分明，风险共担，利益共享。由葡萄产区的运销户在葡萄未成熟前，到果农的葡萄园勘察，口头约定买卖关系，采收时间、果品规格、数量、包装要求由批发市场的批发商确定，采收时由当地运销户组织好货源，再运送到批发市场交由批发商处理。由于运销户在产地，并都有自己的果园，长期从事葡萄生产与运销，收购价又随行就市，葡萄在批发市场出售后果农能及时得到货款，批发商与运销户都不必为收购产品付周转金，并且快捷便利高效。

二 我国葡萄营销存在的问题

1）我国政府对水果经营中的宏观指导等调控机制不健全，市场体系建设不完善。果品市场供求服务平台建设缺少，市场信息很难在产地和市场间及时有效传递。

2）果农的分散经营、小规模生产、松散的组织化程度，影响了市场的开拓和销售网络的建立，更不可能直接与国际市场对接。

3）我国葡萄生产者的市场营销观念还比较淡漠，没有专业化的果品营销队伍，营销绩效比较差，不讲究营销策略。对国际市场需求的研究开发不足，品牌意识差，在市场上主要靠单打独斗，还停留在无序竞争阶段。

4）缺乏现代的营销手段，如订单农业、电子商务等。缺乏配套的物联网、冷链运输等。

三 我国葡萄营销的策略

1）加强政府对果品经营的宏观调控，健全经营体制，完善果品营销体系，增加服务平台，加强果品市场信息网络建设，提高信息服务质量。使果农能及时了解销售的全局情况，激发果农积极性。

2）加大对营销中介服务组织的扶持力度。建设专业化的果品营销队伍，充分发挥专业销售队伍、农民"经纪人"队伍和客商队伍的作用，全方位多渠道加强销售工作，建立稳定的销售网络，保障市场价格稳定和果农利益，实现葡萄生产的良性循环，促进葡萄产业可持续发展。

3）强化组织化程度。要以职业道德高尚、有奉献精神和经营管理能力强的经纪人为核心，同时在考虑风险共担、利益共享和自愿参加的原则下，组建各类葡萄协会和葡萄专业合作社等产业化经营服务组织，不断提高果农的组织化程度，建立规模化的生产基地，按质量标准和技术规程进行生产，建立自己的品牌，形成区域特色。发挥果品行业协会等组织的影响力，促进葡萄生产、加工、运销，实现产供销一体化。

4）树立现代营销新理念，全面提升葡萄品位和档次。发展订单农业，与葡萄龙头企业订好产销合同，明确种植品种、收购标准和最低保护价，做到有的放矢。建立水果直销市场，使葡萄能从产地直接调运到零售店，减少果品的中间流通，降低成本，提高效益。开展果品电子商务，随时展现各地的葡萄货源、价格、果品追溯信息、网上支付、安全认证、数字签名、冷链物流配送、质量监控、售后服务等一系列环节。

5）积极组织开展产销衔接活动，通过组织、举办各类果品展销洽谈活动，扩大国内外市场销售。与超市、农贸市场建立长期的产销关系，按时供应一定数量的达到要求的葡萄。从而保证葡萄有一个稳定的销售渠道和空间。

6）重点培植大型龙头企业，让它们有能力直接进入国际市场。

──第八章──
葡萄优质高效栽培技术实例

一 基本情况

辽宁省营口经济技术开发区红旗满族镇，地处辽宁南部，属海洋性季风气候。春季温和，少雨多风；夏无酷暑，雨量充足；秋季凉爽，雨量适中；冬无严寒，最低气温为 -28℃。年平均温度9.6℃，极端最高气温33℃，极端最低气温 -28.5℃，1 月平均温度为 -8.9℃，7 月平均温度为 24.8℃，全年日照时数为 2769h，年均降雨量为 640mm，主要集中在 7~8 月。无霜期为 180 天，平均冻土深度 0.6m。

红旗镇是葡萄生产大镇，耕地面积 2.4 万多亩，土质较好，地下水丰富，非常适合发展水果生产，全镇 7000 农户 5000 多户种葡萄。红旗镇葡萄产业发展经历了三个阶段。20 世纪 70 年代末至 80年代末为数量增长阶段，葡萄种植面积迅速扩大，20 世纪 90 年代末至 20 世纪末为数量、质量并重阶段，配套技术日趋完善。从 20 世纪90 年代末至今，红旗镇葡萄产业进入品牌实施阶段，创新经营理念，产业化经营体制逐步完善。他们注重调整内部结构，促进葡萄品种向多样化发展，并积极发展农村合作经济组织，探索葡萄产业发展之路。近年来，为提高葡萄品质，增强市场竞争力，实行了无公害化生产管理，建立了葡萄绿色果品生产基地。1999 年经省农业环保站鉴定中心对该镇葡萄栽植的土壤、灌溉水、空气质量、污染源等项目的鉴定，向中国绿色食品发展中心申报了葡萄的绿色品牌。2000 年，"巨峰"葡萄被国家农业部绿色食品中心认定为 A 级绿色食品，并在国家工商局注册为"望儿山"牌。红旗镇立足资源，以现有的"望儿山"牌绿色葡萄为基础，统一规划，通过推进土地流转，使葡萄基地成片连方，逐步扩大规模。在技术上，进一步优化品种和栽培技术，统一标准和配套技术规程，并加大对果农的技术培训，目前已有2190户果农获得绿色食品证书。

二 果园特点

红旗镇四季分明，雨量适中，地下水资源丰富，水质较好，pH为6.5~7，地势较平坦，土质疏松，土层较厚，渗透性、压缩性良好。东部为铁沙土质，西部为草甸土。有机质含量为1%左右，适宜葡萄生长，露地葡萄和保护地葡萄为15000亩。主要品种有巨峰、无核白鸡心、晚红等，年均产量为3万吨，其中巨峰年产量可达1.8万吨。这里盛产的巨峰粒大、味美、果皮薄、色泽美、穗形美观，平均单穗重1100g。平均粒重14g左右，最大果粒19g。可溶性固形物含量13%以上，品质极佳，深受消费者的好评和喜爱。

随着葡萄保护地生产的快速发展及葡萄保鲜储藏水平的提高，这里的葡萄可以四季供应，5月日光温室巨峰葡萄成熟，6~7月日光温室、大棚红提、美人指等葡萄成熟，8月露地无核白鸡心、京亚等葡萄成熟，8月末露地巨峰葡萄成熟，9月末至10月露地红提、黑提、青提等葡萄成熟，10月末各种晚熟葡萄品种入库储藏，储藏期可达第二年"五一"前后。

红旗镇露地葡萄栽植形式为左右对向的棚架栽植，株行距采用0.5m×0.5m×5.0m带状栽植，即在1m宽的畦内栽植2行，距离为0.5m×0.5m，畦与畦的距离为5.0m。定植第二年的产量平均株产在3.5kg。第三年以后就进入葡萄高产和稳产阶段，平均株产5.0kg左右，亩产量保持在2000kg左右。

三 主要技术要点

1. 定植

首先根据计划的栽培密度挖南北定植沟（宽、深各0.8~1.0m的带状沟），挖好沟后回填，回填时在沟底铺15cm厚的玉米秸秆，然后将一半表土填进去，再将余下表土和部分底土与猪粪（5000kg/亩）

填入沟内，余下少量底土作畦埂，然后灌水沉实。于4月26日进行苗木定植。定植时挖穴，将苗木根系向四周散开，不要圈根，填土踩实，使根系与土壤紧密结合。定植深度以其根颈部与栽植沟面平齐为准。栽后灌透水1次。待水渗下后进行地膜覆盖，以保墒增温。

2. 定植后当年管理

苗木成活萌发后，选择生长健壮的一个新梢，作为独龙干培养，其余抹掉。苗高达到40~50cm时，开始搭架生长。为促进新梢生长和枝蔓成熟，追施化肥2次，分别在6~8月进行，施用尿素和撒可富，灌水依墒情确定，但新建园不提倡勤灌水，否则不利于发新根和萌芽。病害主要是防治葡萄的霜霉病，一般于6月下旬以后开始发病，可应用58%雷多米尔600~800倍液进行防治。整形修剪方面，主蔓生长期，不留副梢，让新梢直线延伸，当苗高长到1.8~2.0m时，大约8月中下旬对主蔓摘心，促进新梢成熟。摘心后，对发出的副梢留1片叶反复摘心，防止冬芽萌发。10月末落叶后对主蔓剪留长度为1.5~1.6m。在土壤结冻前的11月中旬进行葡萄埋土防寒，防寒的方法是将每畦内的2行主蔓沿同一个行向下架后捆绑，覆盖草帘，草帘上再覆盖一层地膜，然后埋土30cm左右。

3. 第二年及以后的全年管理

(1) 出土上架 春季土壤化冻后。于4月上中旬撤除防寒土，扒老翘皮后上架绑蔓。同时进行补施有机肥，并灌水。

(2) 生长期修剪 芽眼萌动后，对发出的双生芽、三生芽，每个芽眼选留1个饱满芽，其余全部抹除，抹芽可分2~3次进行。当选留芽长到10~15cm或能辨别有无花序时，按每间隔20cm左右留1个新梢进行定枝。结果枝于花前7天果穗上留4~5片叶摘心。营养枝留8~12片叶摘心。结果枝顶端保留1~2个副梢，并留2~3片叶反复摘心，其余副梢全部抹除。营养枝副梢留1片叶摘心。并进行疏花序、掐穗尖、绑蔓、除卷须等夏季修剪。

(3) 病虫害防治 全年防治病虫害打药6~7次：出土上架后萌芽前喷施1次3~5波美度石硫合剂，杀菌防病；当植株展叶3~5片时，喷布杀灭菊酯乳油2000倍液防治二星叶螨，加入20%灭扫利乳剂 3000 倍液防治蓟马效果更好；5 月 10 日左右，喷布灭扫利、功夫等 2000 倍液，防治绿盲蝽。花前 2 周左右（5 月下旬）喷布 80% 大生 M-45 600 ~ 800 倍液或克博 500 ~ 600 倍液防治黑痘病，或用百菌清（75%）800 ~ 1000 倍液防治穗轴褐枯病，用 50% 多菌灵可湿性粉剂 500 ~ 700 倍液防治灰霉病、褐斑病；从果实开始膨大开始，时间在 6 月 20 日左右，连续喷布波尔多液 3 ~ 4 次，一般每隔 10 天喷 1 次，可有效防治葡萄的霜霉病、白腐病、炭疽病等，波尔多液是一种保护性杀菌剂，杀菌广谱、迟效期长，对人、畜低毒，价格低廉，是生产绿色葡萄的有效杀菌药剂。

（4）**肥水管理**　追肥全年进行 3 次，以化肥为主，第一次在花后 10 天左右（6 月中旬）施尿素 20kg/亩 + 过磷酸钙 10kg/亩；第二次是在果实着色前（8 月初）施撒可富 15kg/亩 + 硫酸钾 10kg/亩；第三次结合秋施肥进行，分别施硫酸钾 10kg/亩 + 复合肥 10kg/亩。基肥施用时间是在 8 月下旬至 9 月上旬，以腐熟鸡粪为主，施肥量为 3000 ~ 3500kg/亩，有条件的可以株施饼肥 0.25kg/株，效果更好。水分管理掌握在萌芽前后灌水、开花期控水、浆果膨大期灌水、浆果着色期控水、冬季灌水等，全年灌水共计 8 ~ 10 次。

（5）**整形修剪**　葡萄的整形主要采用龙干的整枝方式，休眠期修剪采用中、短梢修剪的方法进行。修剪时期在落叶后的 11 月进行。

（6）**越冬防寒**　葡萄冬季修剪以后，及时清除枯枝、落叶、烂果，并销毁；土壤封冻前及早灌防冻水，并将枝蔓从架上放下，按一个方向将枝蔓捆好，埋土防寒越冬。

附　　录

物候期	主要防治对象	防治方法
休眠期	越冬病菌虫卵	1. 冬季清园、结合冬剪剪除病虫枝蔓，清除架上干枯果穗、卷须，刮除枝蔓上病皮、老皮，清扫枯枝落叶、落果，集中烧毁或深埋 2. 修剪结束后，于树干、水泥柱及地面喷施 3～5 波美度石硫合剂 3. 对主干老蔓剥皮后用石硫合剂与石灰调成糊状后全部涂刷
萌芽期	越冬病虫	1. 春季清园。用 3～5 波美度石硫合剂彻底细致全园喷施 2. 初露幼叶时，用 800 倍液多菌灵进一步杀菌
展叶期新梢生长期	黑痘病灰霉病	1. 展叶后（平均 3 叶时）喷科博 500～600 倍液或喷克 600 倍液或必备 400 倍液每隔 7～8 天喷 1 次，若发现有黑痘病，用霉能灵、福星等治疗 2 次 2. 花穗分离时，应用宝利安 500～700 倍液预防灰霉病，药水应透入穗轴，隔 7 天加速克灵 1500 倍液预防灰霉病，若防治灰霉病的农药连用 2 年以上，已产生抗药性，还可选用施佳等药剂 3. 若有叶蝉、蚜虫危害，可用阿克泰 15g/亩防治

（续）

物候期	主要防治对象	防治方法
开花期	黑痘病 灰霉病 炭疽病 透翅蛾	见花喷喷克 500～600 倍液 + 施佳乐 1000 倍液 + 锐劲特 1500 倍液，要求花穗上喷透
果实膨大期	黑痘病 炭疽病 霜霉病 白粉病	1. 落花后喷喷克 500～600 倍液 + 世高 1500 倍液 2. 每隔 7～10 天喷喷克 500～600 倍液或科博 500 倍液或必备 400 倍液和霉能灵 700 倍液，发现有炭疽病喷施保功 1000 倍液或敌力脱 2000 倍液，发现有霜霉病加喷甲霜灵锰锌 500 倍液或克露 600～800 倍液 3. 果实套袋前喷施保功 1000 倍液 + 世高 2000 倍液 + 绿百事 1000 倍液，并注意重点喷布果穗，均匀细致，药剂干后迅速套袋 4. 套袋
果实转色期	炭疽病 白粉病 叶斑病 金龟子	1. 交替使用科博 500 倍液、大生 500～600 倍液 2. 未套袋前葡萄应重点防治炭疽病 2～3 次，用施保功 1000 倍液，世高 1000 倍液或敌力脱 2000 倍液喷果 3. 及时剪除病果、病枝蔓、病叶
果实成熟期	炭疽病 霜霉病	交替使用科博 500 倍液、大生 500～600 倍液、施宝功 1000 倍液、必备 400 倍液
果实采收后营养积累期	霜霉病 叶斑病	喷科博 500～600 倍液或喷克 500～600 倍液或必备 400 倍液，发现霜霉病，喷甲霜灵锰锌 500 倍液或克露 600～700 倍液或抑快净 2500 倍液

量 的 名 称	单 位 名 称	单 位 符 号
长度	千米	km
	米	m
	厘米	cm
	毫米	mm
面积	公顷	ha
	平方千米（平方公里）	km^2
	平方米	m^2
体积	立方米	m^3
	升	L
	毫升	mL
质量	吨	t
	千克（公斤）	kg
	克	g
	毫克	mg
物质的量	摩尔	mol
时间	小时	h
	分	min
	秒	s
温度	摄氏度	℃
平面角	度	(°)
能量，热量	兆焦	MJ
	千焦	kJ
	焦［耳］	J
功率	瓦［特］	W
	千瓦［特］	kW
电压	伏［特］	V
压力，压强	帕［斯卡］	Pa
电流	安［培］	A

参 考 文 献

［1］ 王跃进，杨晓盆. 北方果树整形修剪与异常树改造［M］. 北京：中国农业出版社，2001.

［2］ 蒋锦标，卜庆雁. 果树生产技术（北方本）［M］. 北京：中国农业大学出版社，2011.

［3］ 卜庆雁，翟秋喜. 果树栽培技术［M］. 沈阳：东北大学出版社，2009.

［4］ 胡若冰. 鲜食葡萄全年上市栽培技术［M］. 济南：山东科学技术出版社，2001.

［5］ 楚燕杰，宋鹏，李秀英. 美国四提葡萄优质丰产栽培［M］. 北京：科学技术文献出版社，2003.

［6］ 杨治元. 巨峰系葡萄品种特性［M］. 北京：中国农业出版社，2007.

［7］ 赵长青，吕义，刘景奇. 无公害鲜食葡萄规范化栽培［M］. 北京：中国农业出版社，2007.

［8］ 冯明祥. 无公害果园农药使用指南［M］. 北京：金盾出版社，2010.

［9］ 晃无疾. 葡萄新品种及栽培原色图谱［M］. 北京：中国农业出版社，2003.

［10］ 修德仁，田淑芬，商佳胤，等. 图解葡萄架式与整形修剪［M］. 北京：中国农业出版社，2010.

［11］ 石雪晖. 葡萄优质丰产周年管理技术［M］. 北京：中国农业出版社，2002.

［12］ 胡建芳. 鲜食葡萄优质高产栽培技术［M］. 北京：中国农业大学出版社，2002.

［13］ 翟衡. 良种良法［M］. 北京：中国农业出版社，2007.

［14］ 李华. 葡萄栽培学［M］. 北京：中国农业出版社，2008.

［15］ 刘三军. 无核葡萄栽培与加工利用［M］. 北京：中国农业出版社，2003.

［16］ 赵长青，蔡之博，吕冬梅. 现代设施葡萄栽培［M］. 北京：中国农业出版社，2011.

［17］ 张锐，陈玉成，于天颖，等. 葡萄储藏保鲜技术［J］. 农业科技与装备，2012（8）：73-74.

［18］ 刘玲. 葡萄储藏技术［J］. 河北果树，2002（5）：46.

［19］盛玮，薛建平，刘亚萍，等. 葡萄储藏保鲜技术研究进展［J］. 淮北师范大学学报：自然科学版，2004（1）：37-42.

［20］刘晓光. 用现代营销手段提高我国水果的国际竞争力［J］. 沈阳农业大学学报：社会科学版，2006，8（2）：184-186.

［21］刘红斌. 红提葡萄运输保鲜技术［J］. 保鲜与加工，2007（1）：39-41.

［22］贺普超. 葡萄学［M］. 北京：中国农业出版社，2001.

书 目

ISBN：978-7-111-55670-1
定价：59.80 元

ISBN：978-7-111-55397-7
定价：29.80 元

ISBN：978-7-111-47629-0
定价：25.00 元

ISBN：978-7-111-47467-8
定价：25.00 元

ISBN：978-7-111-46950-6
定价：18.80 元

ISBN：978-7-111-46958-2
定价：29.80 元

ISBN：978-7-111-47444-9
定价：19.80 元
ISBN：978-7-111-46517-1
定价：25.00 元

ISBN：978-7-111-46518-8
定价：25.00 元

ISBN：978-7-111-52460-1
定价：29.80 元

ISBN：978-7-111-56878-0

定价：25.00 元

ISBN：978-7-111-52107-5

定价：25.00 元

ISBN：978-7-111-47182-0

定价：22.80 元

ISBN：978-7-111-51132-8

定价：29.80 元

ISBN：978-7-111-49856-8

定价：22.80 元

ISBN：978-7-111-50436-8

定价：25.00 元

ISBN：978-7-111-51607-1

定价：23.80 元

ISBN：978-7-111-52935-4

定价：29.80 元

ISBN：978-7-111-56047-0

定价：25.00 元

ISBN：978-7-111-54710-5

定价：25.00 元